JN037818

改訂7版

エネルギー管理士 試験講座

編 一般財団法人省エネルギーセンター

エネルギー総合管理及び法規

熱分野	共通 I
電気分野	

令和 **5** 年度
改正省エネ法
対応版

はしがき

　エネルギー管理士の資格取得は，国家試験の中でも難関のひとつといわれている。しかし，エネルギー管理士試験は，合格者の枠がある大学入試などとは異なり，「適格性」を判断するもので，国が認める一定の水準に達していれば合格できる。

　資格取得の方法には，例年，夏季に実施される「エネルギー管理士試験」（受験資格を問わない）に合格するか，冬季に実施される1週間の「エネルギー管理研修」（集中講義を受けたあと「研修修了試験」がある）に合格するか，の2つがある（研修では実務経験3年の受講資格が必要）。

　「エネルギー管理士試験」の試験課目は4課目である。そのうち，課目Ⅰは熱・電気分野の共通課目（必須基礎課目と呼ばれる）となっており，課目Ⅱ～Ⅳは「熱分野」か「電気分野」のいずれかを選択して受験することになる。

　本シリーズ『エネルギー管理士試験講座』は，各試験課目に対応して学習できるように，共通課目（Ⅰ巻），熱分野（Ⅱ～Ⅳ巻），電気分野（Ⅱ～Ⅳ巻）の構成となっている。

　また，本講座の内容としては，「エネルギー管理士試験」の目的が「現場のエネルギー管理技術を担うに足る知識を有しているかどうか判断する」ところにあり，そうした目的にかなう必要事項をできるだけ平易に解説することを目指している。したがって，本講座は受験のための参考書という役割ばかりでなく，エネルギー管理に関わる実際業務において直面する技術的問題に対して，それらを解決するための有効な手段（技術書）としての役割を担うものと考えている。

　本書は「エネルギー管理士試験」の課目Ⅰ「エネルギー総合管理及び法規」に対応した参考書として発刊するものである。

　本書で扱う「エネルギー総合管理及び法規」は3編構成とし，第1

編エネルギーの使用の合理化等に関する法律及び命令，第2編エネルギー情勢・政策，エネルギー概論，第3編エネルギー管理技術の基礎からなり，それぞれの分野から1問ずつ出題される。

第1編と第2編については，省エネ法とその背景となるエネルギー情勢やエネルギー一般についての理解が必須である。

第3編は省エネ法における「工場等判断基準」の理解と，熱・電気分野を問わずエネルギー管理を進めるにあたっての技術的な基礎知識が問われる。

本書のとりまとめにあたっては，試験に出題される内容とそのレベルを十分に分析した。また，本文の理解を助けるために例題を設け，エネルギー管理士として修得しておくべきポイントや学習の到達度がわかるよう各章の末尾に演習問題を設けた。

なお，令和5（2023）年4月に施行された改正省エネ法では，これまでの化石エネルギーの合理化促進から，非化石エネルギーを含む，エネルギー全体の使用合理化や非化石エネルギーへの転換の促進，及び電気需要の最適化といった点で大きく改正されていることに注意が必要である。

最後に，本書で学習した方が，ひとりでも多く合格の栄冠を獲得できることを祈念してやまない。

2023年6月
一般財団法人省エネルギーセンター

エネルギー管理士試験講座 [熱分野・電気分野共通]
[I巻]

第1編 エネルギーの使用の合理化及び非化石エネルギーへの転換等に関する法律及び命令

第2編 エネルギー情勢・政策, エネルギー概論

第 3 編　エネルギー管理技術の基礎

第1編　エネルギーの使用の合理化及び非化石エネルギーへの転換等に関する法律及び命令

1章
「エネルギーの使用の合理化及び非化石エネルギーへの転換等に関する法律（省エネ法）」の概要

1.1 「省エネ法」の体系

図 **1.1** に「省エネ法」の体系を示す。

法律は全体として，目的，基本方針等に続いて，「工場等に係る措置等」「輸送に係る措置」「建築物に係る措置」「機械器具等に係る措置」「電気事業者に係る措置」「消費者に対する措置」などで構成している。

なお，建築物に関する規定は，「建築物のエネルギー消費性能の向上に関する法律（建築物省エネ法）」（平成 27 年法律第 53 号）に移行された。

1.2 省エネ法に関する法令

以下の 2 章以降は，「エネルギーの使用の合理化及び非化石エネルギーへの転換等に関する法律」を主に記述するが，法律の本文は原文で表現し，政令，省令は簡略化した説明とする。

なお，エネルギーの使用の合理化及び非化石エネルギーへの転換等に関する法律は 法 と，

エネルギーの使用の合理化及び非化石エネルギーへの転換等に関する法律施行令は 令 と，

エネルギーの使用の合理化及び非化石エネルギーへの転換等に関する法律施行規則は 則

と略記する。

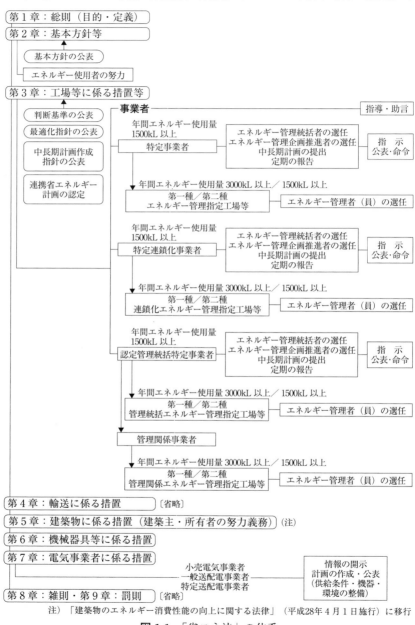

注）「建築物のエネルギー消費性能の向上に関する法律」（平成28年4月1日施行）に移行

図1.1　「省エネ法」の体系

2章
法律及び命令の解説

法 **第1章　総則**

第1条　目的

　この法律は，我が国で使用されるエネルギーの相当部分を化石燃料が占めていること，非化石エネルギーの利用の必要性が増大していることその他の内外におけるエネルギーをめぐる経済的社会的環境に応じたエネルギーの有効な利用の確保に資するため，工場等＊，輸送，建築物及び機械器具等についてのエネルギーの使用の合理化及び非化石エネルギーへの転換に関する所要の措置，電気の需要の最適化に関する所要の措置その他エネルギーの使用の合理化及び非化石エネルギーへの転換等を総合的に進めるために必要な措置等を講ずることとし，もつて国民経済の健全な発展に寄与することを目的とする。

　　＊工場等：工場又は事務所その他の事業場

ポイント

　エネルギーの有効な利用の確保に資するため，工場等，輸送，建築物及び機械器具等について必要な措置を定めている。

　「エネルギーの使用の合理化」とはエネルギー使用量の絶対量を削減することではなく，効率的に使用することである。例えば生産量が増加すればエネルギー使用量は増加するが，その原単位（単位製品当たりの生産に必要なエネルギー使用量）を削減することである。「非化石エネルギーへの転換」とは，使用されるエネルギーのうちに占める非化石エネルギーの割合を向上させることをいう。「電気の需要の最適化」とは，季節又は時間帯による電気の需給の状況の変動に応じて電気の需要量の増加又は減少をさせることをいう。

第2条 定義

この法律において「エネルギー」とは，化石燃料及び非化石燃料並びに熱（政令で定めるものを除く。以下同じ。）及び電気をいう。

> 令 **第1条 政令で定める熱：**
>
> 法 第2条第1項の政令で定める熱は，自然界に存する熱（地熱，太陽熱及び雪又は氷を熱源とする熱のうち，給湯，暖房，冷房その他の発電以外の用途に利用するための施設又は設備を介したもの（次条第2項において「集約した地熱等」という。）を除く。）及び原子力基本法（昭和30年法律第186号）第3条第2号に規定する核燃料物質が原子核分裂の過程において放出する熱とする。

2 この法律において「化石燃料」とは，原油及び揮発油，重油その他経済産業省令で定める石油製品，可燃性天然ガス並びに石炭及びコークスその他経済産業省令で定める石炭製品であつて，燃焼その他の経済産業省令で定める用途に供するものをいう。

> 則 **第2条第1項 経済産業省令で定める石油製品：**
>
> ナフサ，灯油，軽油，石油アスファルト，石油コークス及び石油ガス（液化したものを含む。以下同じ。）
>
> 則 **第2条第2項 経済産業省令で定める石炭製品：**
>
> コールタール，コークス炉ガス，高炉ガス及び転炉ガス
>
> 則 **第3条 経済産業省令で定める用途：**
>
> 燃焼及び燃料電池による発電

3 この法律において「非化石燃料」とは，前項の経済産業省令で定める用途に供する物であつて水素その他の化石燃料以外のものをいう。

4 この法律において「非化石エネルギー」とは，非化石燃料並びに化石燃料を熱源とする熱に代えて使用される熱（第5条第2項第二号ロ及びハにおいて「非化石熱」という。）及び化石燃料を熱源とする熱を変換して得られる動力を変換して得られる電気に代えて使用される電気（同号ニにおいて「非化石電気」という。）をいう。

5 この法律において「非化石エネルギーへの転換」とは，使用されるエネルギーのうちに占める非化石エネルギーの割合を向上させることをいう。

6 この法律において「電気の需要の最適化」とは，季節又は時間帯による電

気の需給の状況の変動に応じて電気の需要量の増加又は減少をさせることをいう。

ポイント

令和5年4月1日に施行された改正省エネ法では,「エネルギー」の定義を拡大し,非化石エネルギーを含む全てのエネルギーの使用の合理化を求めている（**図 1.2** 参照）。

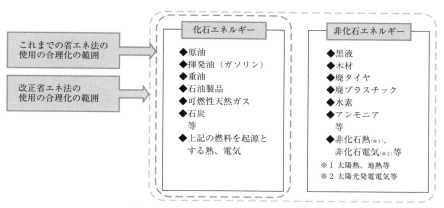

図 1.2　省エネ法によるエネルギー

[法] **第2章　基本方針等**

第3条　基本方針

経済産業大臣は,工場又は事務所その他の事業場（以下「工場等」という。）,輸送,建築物,機械器具等に係るエネルギーの使用の合理化及び非化石エネルギーへの転換並びに電気の需要の最適化を総合的に進める見地から,エネルギーの使用の合理化及び非化石エネルギーへの転換等に関する基本方針（以下「基本方針」という。）を定め,これを公表しなければならない。

2　基本方針は,エネルギーの使用の合理化及び非化石エネルギーへの転換のためにエネルギーを使用する者等が講ずべき措置に関する基本的な事項,電

気の需要の最適化を図るために電気を使用する者等が講ずべき措置に関する基本的な事項，エネルギーの使用の合理化及び非化石エネルギーへの転換等の促進のための施策に関する基本的な事項その他エネルギーの使用の合理化及び非化石エネルギーへの転換等に関する事項について，エネルギー需給の長期見通し，電気その他のエネルギーの需給を取り巻く環境，エネルギーの使用の合理化及び非化石エネルギーへの転換に関する技術水準その他の事情を勘案して定めるものとする。

3　経済産業大臣が基本方針を定めるには，閣議の決定を経なければならない。

4　経済産業大臣は，基本方針を定めようとするときは，あらかじめ，輸送に係る部分，建築物に係る部分（建築材料の品質の向上及び表示に係る部分並びに建築物の外壁，窓等を通しての熱の損失の防止の用に供される建築材料の熱の損失の防止のための性能の向上及び表示に係る部分を除く。）及び自動車の性能に係る部分については国土交通大臣に協議しなければならない。

5　経済産業大臣は，第2項の事情の変動のため必要があるときは，基本方針を改定するものとする。

6　第1項から第4項までの規定は，前項の規定による基本方針の改定に準用する。

> **平成30年経済産業省告示第234号「エネルギーの使用の合理化及び非化石エネルギーへの転換等に関する基本方針」のうち，工場等の事業者が講ずべき措置を抜粋**
>
> 第1　エネルギーの使用の合理化のためにエネルギーを使用する者等が講ずべき措置に関する基本的な事項
> 1　工場等においてエネルギーを使用して事業を行う者が講ずべき措置
> 　（1）工場等においてエネルギーを使用して事業を行う者は，次の各項目の実施を通じ，設置している工場等（当該者が連鎖化事業者である場合にあっては当該者が行う連鎖化事業の加盟者が設置している当該連鎖化事業に係る工場等を含み，当該者が認定管理統括事業者である場合にあってはその管理関係事業者が設置している工場等

（当該管理関係事業者が連鎖化事業者である場合にあっては，当該者が行う連鎖化事業の加盟者が設置している当該連鎖化事業に係る工場等を含む。以下（1），第2の1及び第3の1において同じ。）におけるエネルギー消費原単位又は電気需要最適化評価原単位（電気の需要の最適化に資する措置を評価したエネルギー消費原単位をいう。以下同じ。）の改善を図るものとする。

①　工場等に係るエネルギーの使用の実態，エネルギーの使用の合理化に関する取組等を把握すること。

②　工場等に係るエネルギーの使用の合理化の取組を示す方針を定め，当該取組の推進体制を整備すること。

③　エネルギー管理統括者及びエネルギー管理企画推進者を中心として，工場等全体の総合的なエネルギー管理を実施すること。

④　エネルギーを消費する設備の設置に当たっては，エネルギー消費効率が優れ，かつ，効率的な使用が可能となるものを導入すること。

⑤　エネルギー消費効率の向上及び効率的な使用の観点から，既設の設備の更新及び改善並びに当該既設設備に係るエネルギーの使用の制御等の用に供する付加設備の導入を図ること。

⑥　エネルギーを消費する設備の運転並びに保守及び点検その他の項目に関し，管理標準を設定し，これに準拠した管理を行うこと。

⑦　エネルギー管理統括者及びエネルギー管理企画推進者によるエネルギー管理者及びエネルギー管理員の適確かつ十分な活用その他工場等全体における総合的なエネルギー管理体制の充実を図ること。

⑧　工場等内で利用することが困難な余剰エネルギーを工場等外で有効利用する方策について検討し，これが可能な場合にはその実現を図ること。

⑨　他の工場等を設置している者と連携して工場等におけるエネルギーの使用の合理化を推進することができる場合には，共同で，その連携して行うエネルギーの使用の合理化のための措置に取り組むこと。

第2　非化石エネルギーへの転換のためにエネルギーを使用する者等が講ずべき措置に関する基本的な事項

1　工場等においてエネルギーを使用して事業を行う者が講ずべき措置

工場等においてエネルギーを使用して事業を行う者は，次の各項目の

実施を通じ，設置している工場等において使用されるエネルギーのうちに占める非化石エネルギーの割合の向上を図るものとする。

① 工場等に係る非化石エネルギーへの転換に関する取組等を把握すること。

② 工場等に係る非化石エネルギーへの転換の取組を示す方針を定め，当該取組の推進体制を整備すること。

③ エネルギーを消費する設備の設置に当たっては，その使用に際し消費される非化石エネルギーの割合が向上するものを導入すること。

④ 太陽熱利用設備，地熱利用設備，温泉熱利用設備及び雪氷熱利用設備の設置に取り組むこと。

⑤ 太陽光発電設備その他非化石電気の使用に資する設備の設置に取り組むこと。

⑥ 発電専用設備，コージェネレーション設備又はボイラーを使用する場合にあっては，当該発電専用設備，コージェネレーション設備又はボイラーへの水素その他の非化石燃料の混焼に取り組むこと。

⑦ エネルギー供給事業者から調達する熱又は電気について，非化石熱又は非化石電気の割合が高いものその他の非化石エネルギーの使用に資するものを選択すること。

第3 電気の需要の最適化を図るために電気を使用する者等が講ずべき措置に関する基本的な事項

1 工場等において電気を使用して事業を行う者が講ずべき措置

工場等において電気を使用して事業を行う者は，次の各項目の実施を通じ，設置している工場等における電気の需要の最適化に資する措置の適切かつ有効な実施を図るものとする。

① 工場等に係る電気の需要量の実態，電気の需要の最適化に資する取組等を把握すること。

② 工場等に係る電気の需要の最適化に資する取組を示す方針を定め，エネルギーの使用の合理化の取組と一体となる推進体制を整備すること。

③ 電気の需要の最適化に資する観点から，工場等全体の総合的な電気の使用の管理を実施すること。

④ エネルギーを消費する設備の設置に当たっては，電気の需要の最適化に資する使用が可能となるものを導入すること。

⑤　電気の需要の最適化に資する観点から，自家発電設備及び蓄電池等の導入を検討すること。

⑥　電気の需要の最適化に資する観点から，既設の設備の更新及び改善並びに当該既設設備に係る電気の使用の制御等の用に供する付加設備の導入を図ること。

第4条　エネルギー使用者の努力

エネルギーを使用する者は，基本方針の定めるところに留意して，エネルギーの使用の合理化及び非化石エネルギーへの転換に努めるとともに，電気の需要の最適化に資する措置を講ずるよう努めなければならない。

法 第3章　工場等に関する措置等

第1節　工場等に係る措置
第1款　総則
第5条　事業者の判断の基準となるべき事項等

主務大臣は，工場等におけるエネルギーの使用の合理化の適切かつ有効な実施を図るため，次に掲げる事項並びにエネルギーの使用の合理化の目標（エネルギーの使用の合理化が特に必要と認められる業種において達成すべき目標を含む。）及び当該目標を達成するために計画的に取り組むべき措置に関し，工場等においてエネルギーを使用して事業を行う者の判断の基準となるべき事項を定め，これを公表するものとする。

一　工場等であつて専ら事務所その他これに類する用途に供するものにおけるエネルギーの使用の方法の改善，第149条第1項に規定するエネルギー消費性能等が優れている機械器具の選択その他エネルギーの使用の合理化に関する事項

二　工場等（前号に該当するものを除く。）におけるエネルギーの使用の合理化に関する事項であつて次に掲げるもの

イ　化石燃料及び非化石燃料の燃焼の合理化

ロ　加熱及び冷却並びに伝熱の合理化

　　　　ハ　廃熱の回収利用

　　　　ニ　熱の動力等への変換の合理化

　　　　ホ　放射，伝導，抵抗等によるエネルギーの損失の防止

　　　　ヘ　電気の動力，熱等への変換の合理化

2　経済産業大臣は，工場等における非化石エネルギーへの転換の適切かつ有効な実施を図るため，次に掲げる事項並びに非化石エネルギーへの転換の目標及び当該目標を達成するために計画的に取り組むべき措置に関し，工場等においてエネルギーを使用して事業を行う者の判断の基準となるべき事項を定め，これを公表するものとする。

　　一　工場等であつて専ら事務所その他これに類する用途に供するものにおける非化石エネルギーを使用する設備の設置その他非化石エネルギーへの転換に関する事項

　　二　工場等（前号に該当するものを除く。）における非化石エネルギーへの転換に関する事項であつて次に掲げるもの

　　　　イ　燃焼における非化石燃料の使用

　　　　ロ　加熱及び冷却における非化石熱の使用

　　　　ハ　非化石熱を使用した動力等の使用

　　　　ニ　非化石電気を使用した動力，熱等の使用

3　経済産業大臣は，工場等において電気を使用して事業を行う者による電気の需要の最適化に資する措置の適切かつ有効な実施を図るため，次に掲げる事項その他当該者が取り組むべき措置に関する指針を定め，これを公表するものとする。

　　一　電気需要最適化時間帯（電気の需給の状況に照らし電気の需要の最適化を推進する必要があると認められる時間帯として経済産業大臣が指定する時間帯をいう。以下同じ。）における電気の使用から化石燃料若しくは非化石燃料若しくは熱の使用への転換又は化石燃料若しくは非化石燃料若しくは熱の使用から電気の使用への転換

　　二　電気需要最適化時間帯を踏まえた電気を消費する機械器具を使用する時

間の変更

4　第1項及び第2項に規定する判断の基準となるべき事項並びに前項に規定する指針は，エネルギー需給の長期見通し，電気その他のエネルギーの需給を取り巻く環境，エネルギーの使用の合理化及び非化石エネルギーへの転換に関する技術水準，業種別のエネルギーの使用の合理化及び非化石エネルギーへの転換の状況その他の事情を勘案して定めるものとし，これらの事情の変動に応じて必要な改定をするものとする。

5　第1項及び第2項に規定する判断の基準となるべき事項は，エネルギーの使用の合理化に関する事項及び非化石エネルギーへの転換に関する事項の相互の間の調和が保たれたものでなければならない。

ポイント①

　エネルギーの使用の合理化の判断基準とは第5条第1項で定めるエネルギーを使用し事業を行う全ての事業者が，エネルギーの使用の合理化を適切かつ有効に実施するために工場等においてエネルギーを使用して事業を行う者の判断の基準となるべき事項を告示として公表した「工場等におけるエネルギーの使用の合理化に関する事業者の判断の基準」（平成21年3月3月31日経済産業省告示第66号）である。

　エネルギーの使用の合理化の判断基準は「Ⅰ　基準部分」，「Ⅱ　目標部分及」び「Ⅲ　非化石エネルギーへの転換の判断基準との関係」で構成されている。「Ⅰ　基準部分」は，全ての事業者が取り組むべき事項，工場単位等での基本事項，及びエネルギー消費設備等ごとの管理，計測・記録，保守・点検，新設・更新に当たっての措置について遵守すべきことを定めている。「Ⅱ　目標部分」は，エネルギーの使用の合理化の目標及び当該目標達成に努めるための計画的に取り組むべき措置について定めている。また，「Ⅲ　非化石エネルギーへの転換の判断基準との関係」が定められている（**表1.1**参照）。

表 1.1 判断基準の概要

I 基準部分	I－1　全ての事業者が取り組むべき事項：事業者及び連鎖化事業者が工場等全体を俯瞰して取り組むべき事項として以下の（1）～（8）までの8項目を規定	
	（1）取組方針（目標，設備の運用・新設・更新）の策定	（6）取組方針の遵守状況を確認・評価・改善指示
	（2）管理体制の整備	（7）取組方針及び遵守状況の評価手法の定期的な精査・変更
	（3）責任者等の配置等 　①責任者の責務 　②責任者を補佐する者の責務 　③現場実務を管理する者の責務	（8）取組方針や管理体制等の文書管理による状況把握
	（4）省エネに必要な資金・人材の確保	（9）エネルギーの使用の合理化に資する取組に関する情報の開示
	（5）従業員に対する取組方針の周知，省エネ教育の実施	
	I－2　1　工場単位，設備単位での基本的実施事項：	
	（1）生産性向上を通じたエネルギーの使用の合理化	（4）既存設備の老朽化の状況の把握・分析等
	（2）エネルギー管理に係る計量器等の整備	（5）エネルギー効率の高い機器の導入と余裕度の最適化
	（3）エネルギー多消費設備の廃熱等の把握・分析等	（6）エネルギー使用の最小化

Ⅰ-2　2　エネルギー消費設備等に関する事項

2-1　事務所：主要な設備について，その管理，計測・記録，保守・点検，新設・更新に当たっての措置の基準を規定

（1）空気調和設備，換気設備

（2）ボイラー設備，給湯設備

（2）-2　太陽熱利用機器等

（3）照明設備，昇降機，動力設備

（4）受変電設備，BEMS

（5）発電専用設備，コージェネレーション設備

（5）-2　太陽光発電設備等

（6）事務用機器，民生用機器

（7）業務用機器

（8）その他

2-2　工場等：エネルギーの使用に係る各過程について，その管理，計測・記録，保守・点検，新設・更新に当たっての措置の基準を規定

（1）燃料の燃焼の合理化

（2）加熱及び冷却並びに伝熱の合理化

（2-2）-2　太陽熱利用機器等

（3）廃熱の回収利用

（4）熱の動力等への変換の合理化

（4-2）-2　太陽光発電設備等

（5）放射，伝導，抵抗等によるエネルギーの損失の防止

（6）電気の動力，熱等への変換の合理化

Ⅱ　目標部分	〈前段〉 ●事業者及び連鎖化事業者が中長期的に努力し，計画的に取り組むべき事項について規定 ・設置している工場全体として又は工場等ごとに，エネルギー消費原単位又は電気需要最適化評価原単位を中長期的にみて年平均1％以上低減の努力 ・ベンチマーク達成に向けての努力 ・ISO50001の活用の検討　等	
	1-1　事務所：主要な設備について，事業者として検討，実施すべき事項を規定	
	（1）空気調和設備 （2）換気設備 （3）ボイラー設備 （4）給湯設備	（5）照明設備　（6）昇降機 （7）BEMS （8）コージェネレーション設備 （9）電気使用設備
	1-2　工場等：主要な設備について，事業者として検討，実施すべき事項を規定	
	（1）燃焼設備 （2）熱利用設備 （3）廃熱回収装置 （4）コージェネレーション設備	（5）電気使用設備 （6）空気調和設備，給湯設備，換気設備，昇降機等 （7）照明設備 （8）FEMS
	2．その他エネルギーの使用の合理化に関する事項	
	（1）熱エネルギーの効率的利用のための検討 （2）自然界に存する熱（太陽熱，地熱，温泉熱及び雪氷熱を除く。）及び廃熱等の活用 （3）連携省エネルギーの取組	（4）エネルギーサービス事業者の活用 （5）IoT・AI等の活用 （6）エネルギーの使用の合理化に関するツールや手法の活用

Ⅲ　工場等における非化石エネルギーへの転換の判断基準との関係	・非化石エネルギーへの転換に関する措置を講じるに当たっては，エネルギーの使用の合理化を著しく妨げることのないよう留意 ・工場等におけるエネルギー消費原単位の算出に当たっては，非化石燃料の熱量に 0.8 を乗じる

ポイント②

　非化石エネルギーへの転換の判断基準とは第 5 条第 2 項で定める工場等における非化石エネルギーへの転換の適切かつ有効な実施を図るため，次に掲げる事項並びに非化石エネルギーへの転換の目標及び当該目標を達成するために計画的に取り組むべき措置に関し，工場等においてエネルギーを使用して事業を行う者の判断の基準となるべき事項を定め告示として公表した「工場等における非化石エネルギーへの転換に関する事業者の判断の基準」（令和 5 年 3 月 31 日経済産業省告示第 28 号）である。

　工場等における非化石エネルギーへの転換に関する事業者の判断の基準は，「Ⅰ　非化石エネルギーへの転換の基準」,「Ⅱ　非化石エネルギーへの転換の目標及び計画的に取り組むべき事項」及び「Ⅲ　工場等におけるエネルギーの使用の合理化に関する事業者の判断の基準（平成 21 年経済産業省告示第 66 号）との関係」で構成されている（**表 1.2** 参照)。

表 1.2　非化石エネルギーへの転換に関する事業者の判断の基準の概要

Ⅰ　非化石エネルギーへの転換の基準	Ⅰ-1　全ての事業者が取り組むべき事項： （1）取組方針の策定　　　（5）取組方針の精査等 （2）管理体制の整備　　　（6）文書管理による状況把握 （3）資金・人材の確保　　（7）非化石エネルギーへの転換に資する取組に関する情報の開示 （4）取組方針の遵守状況の確認等 Ⅰ-2　工場等において取り組むべき事項： （1）専ら事務所その他これに類する用途に供する工場等における非化石エネルギーへの転換に関する事項 （1-1）燃料に関する事項　　（1-3）電気に関する事項 （1-2）熱に関する事項　　　（1-4）その他に関する事項 （2）工場等（（1）に該当するものを除く。）における非化石エネルギーへの転換に関する事項 （2-1）燃料に関する事項　　（2-3）電気に関する事項 （2-2）熱に関する事項　　　（2-4）その他に関する事項
Ⅱ　非化石エネルギーへの転換の目標及び計画的に取り組むべき事項	・その使用するエネルギーのうちに占める非化石エネルギーの割合を向上させる目標を定め，その達成に努める ・中長期的な計画に，非化石エネルギーの使用割合を向上させる目標を記載し，その達成のための措置に努める
Ⅲ　工場等におけるエネルギーの使用の合理化に関する事業者の判断の基準との関係	非化石エネルギーへの転換に関する措置の中には，エネルギーの使用の合理化の効果を必ずしももたらさない措置もあることから，当該措置を講じるに当たっては，エネルギーの使用の合理化を著しく妨げることのないよう留意

ポイント③

　第5条第3項で定める電気を使用して事業を行う事業者が，電気の需要の最適化に資する措置を適切かつ有効に実施するために取り組むべき措置を告示として公表したものが「工場等における電気の需要の最適化に資する措置に関する事業者の指針（平成25年12月27日経済産業省告示271号）」である。

　この指針において，電気需要最適化時間帯は，次に掲げる時間帯のいずれかの時間帯とする。

　（ア）再生可能エネルギー電気の出力の抑制（「出力制御」という。）が行われている時間帯（「出力制御時」という。）

　（イ）電気の需給状況が厳しい時間帯（広域的運営推進機関が公表する広域エリアの予備率が5％未満の場合をいう。）

　各事業者はこの指針に基づき，電気需要最適化時間帯における電気の使用から燃料又は熱の使用への転換や電気需要最適化時間帯から電気需要最適化時間帯以外の時間帯への電気を消費する機械器具を使用する時間の変更などの電気の需要の最適化に資する取組に努めなければならない。また，卸電力市場価格が低価格又は高価格になる時間帯等のディマンドリスポンスの実施に適した時間帯においても，電気需要最適化に資するよう，電気の需給に係る状況に応じて，適切かつ有効に電気の使用量の増加又は減少を図る旨を規定している。

第6条　指導及び助言

　主務大臣は，工場等におけるエネルギーの使用の合理化若しくは非化石エネルギーへの転換の適確な実施又は電気の需要の最適化に資する措置の適確な実施を確保するため必要があると認めるときは，工場等においてエネルギーを使用して事業を行う者に対し，前条第1項若しくは第2項に規定する判断の基準となるべき事項を勘案して，同条第1項各号若しくは第2項各号に掲げる事項の実施について必要な指導及び助言をし，又は工場等において電気を使用して事業を行う者に対し，同条第3項に規定する指針を勘案して，同項各号に掲げる事項の実施について必要な指導及び助言をすることができる。

第2款 特定事業者に係る措置

第7条 特定事業者の指定

経済産業大臣は，工場等を設置している者（連鎖化事業者（第19条第1項に規定する連鎖化事業者をいう。第4項第三号において同じ。），認定管理統括事業者（第31条第2項に規定する認定管理統括事業者をいう。第6項において同じ。）及び管理関係事業者（第31条第2項第二号に規定する管理関係事業者をいう。第6項において同じ。）を除く。第3項において同じ。）のうち，その設置している全ての工場等におけるエネルギーの年度（4月1日から翌年3月31日までをいう。以下同じ。）の使用量の合計量が政令で定める数値以上であるものをエネルギーの使用の合理化又は非化石エネルギーへの転換を特に推進する必要がある者として指定するものとする。

> **令第2条 法第7条第1項のエネルギーの年度の使用量の合計量についての政令で定める数値は，次項により算定した数値で1500キロリットルとする。**

2 前項のエネルギーの年度の使用量は，政令で定めるところにより算定する。

> **令第2条 法第7条第2項の政令で定めるところにより算定するエネルギーの年度の使用量：**
>
> 当該年度において使用した化石燃料及び非化石燃料の量並びに当該年度において使用した熱（当該年度において他人から供給された熱以外の熱にあつては化石燃料又は非化石燃料を熱源とする熱及び前条に規定する熱を除き，集約した地熱等にあつてはその熱量を測定できるものに限る。）及び電気（当該年度において他人から供給された電気以外の電気にあつては，化石燃料又は非化石燃料を熱源とする熱を変換して得られる動力を変換して得られる電気を除く。）の量をそれぞれ経済産業省令で定めるところにより原油の数量に換算した量を合算した量（以下「原油換算エネルギー使用量」という。）とする。
>
> **則第4条第1項 令第2条第2項に規定する使用した化石燃料及び非化石燃料の量の原油の数量への換算：**
>
> 一 別表第1の上欄に掲げる燃料にあつては，同欄に掲げる数量をそれぞれ同表の下欄に掲げる発熱量として換算した後，発熱量1ギガジュールを原油0.0258キロリットルとして換算すること。（ただし，換算

係数に相当する係数で当該非化石燃料の発熱量を算定する上で適切と
認められるものを求めることができるときは，換算係数に代えて当該
係数を用いることができるものとする。)

　二　前号に規定する燃料以外の燃料にあつては，発熱量1ギガジュール
を原油0.0258キロリットルとして換算すること。

[則]第4条第2項　[令]第2条第2項に規定する熱の量の原油の数量への
換算：

　別表第2の上欄（注：左欄）に掲げる熱の種類ごとの熱量に，それぞれ
同表の下欄（注：右欄）に掲げる当該熱を発生させるために使用された燃
料の発熱量に換算する係数（以下この項において「換算係数」という。）を
乗じた後，発熱量1ギガジュールを原油0.0258キロリットルとして換算す
るものとする。ただし，換算係数に相当する係数で当該熱を発生させるた
めに使用された燃料の発熱量を算定する上で適切と認められるものを求め
ることができるときは，換算係数に代えて当該係数を用いることができる
ものとする。

　一　他人から供給された熱については別表第二の上欄に掲げる熱の種類
ごとの熱量にそれぞれ同表の下欄に掲げる換算係数を乗じた後，発熱
量1ギガジュールを原油0.0258キロリットルとして換算すること。
（ただし，換算係数に相当する係数で当該熱を発生させるために使用さ
れた燃料の発熱量を算定する上で適切と認められるものを求めること
ができるときは，換算係数に代えて当該係数を用いることができるも
のとする。)

　二　燃料を熱源とする熱以外の熱（前号に掲げるものを除く。）にあつて
は，発熱量1ギガジュールとして換算すること。

[則]第4条第3項　[令]第2条第2項に規定する電気の量の原油の数量へ
の換算：

　一　燃料を熱源とする熱を変換して得られる動力を変換して得られる電
気に代えて使用される電気であつて，事業者自らが使用するため又は
特定の需要家の需要に応じて発電されたものにあつては，電気の量
1000キロワット時を熱量3.60ギガジュールとして換算した後，熱量1
ギガジュールを原油0.0258キロリットルとして換算すること。

　二　前号に規定する電気以外の電気にあつては，電気の量1000キロワッ

ト時に 8.64 ギガジュールとして換算した後，熱量 1 ギガジュールを原油 0.0258 キロリットルとして換算すること。

則 **別表第 1**

原油　1 キロリットル	38.3 ギガジュール
うちコンデセート　1 キロリットル	33.8 ギガジュール
揮発油　1 キロリットル	33.4 ギガジュール
ナフサ　1 キロリットル	33.3 ギガジュール
ジェット燃料油　1 キロリットル	36.3 ギガジュール
灯油　1 キロリットル	36.5 ギガジュール
軽油　1 キロリットル	38.0 ギガジュール
重油	
イ　A 重油　1 キロリットル	38.9 ギガジュール
ロ　B・C 重油　1 キロリットル	41.8 ギガジュール
石油アスファルト　1 トン	40.0 ギガジュール
石油コークス　1 トン	34.1 ギガジュール
石油ガス	
イ　液化石油ガス（LPG）　1 トン	50.1 ギガジュール
ロ　石油系炭化水素ガス　1 000 立方メートル	46.1 ギガジュール
可燃性天然ガス	
イ　液化天然ガス（LNG）（窒素，水分その他の不純物を分離して液化したものをいう。）　1 トン	54.7 ギガジュール
ロ　その他可燃性天然ガス　1 000 立方メートル	38.4 ギガジュール

石炭　1トン	
イ　原料炭	
（1）輸入原料炭	28.7 ギガジュール
（2）コークス用原料炭	28.9 ギガジュール
（3）吹込用原料炭	28.3 ギガジュール
ロ　一般炭	
（1）輸入一般炭	26.1 ギガジュール
（2）国産一般炭	24.2 ギガジュール
ハ　輸入無煙炭	27.8 ギガジュール
石炭コークス　1トン	29.0 ギガジュール
コールタール　1トン	37.3 ギガジュール
コークス炉ガス　1000立方メートル	18.4 ギガジュール
高炉ガス　1000立方メートル	3.23 ギガジュール
発電用高炉ガス　1000立方メートル	3.45 ギガジュール
転炉ガス　1000立方メートル	7.53 ギガジュール
黒液　1トン	13.6 ギガジュール
木材　1トン	13.2 ギガジュール
木質廃材　1トン	17.1 ギガジュール
バイオエタノール　1キロリットル	23.4 ギガジュール
バイオディーゼル　1キロリットル	35.6 ギガジュール
バイオガス　1000立方メートル	21.2 ギガジュール
その他バイオマス　1トン	13.2 ギガジュール
RDF　1トン	18.0 ギガジュール
RPF　1トン	26.9 ギガジュール
廃タイヤ　1トン	33.2 ギガジュール
廃プラスチック　1トン	29.3 ギガジュール
廃油　1キロリットル	40.2 ギガジュール
廃棄物ガス　1000立方メートル	21.2 ギガジュール
混合廃材　1トン	17.1 ギガジュール
水素　1トン	142 ギガジュール
アンモニア　1トン	22.5 ギガジュール

則 別表第2

産業用蒸気	1.17
産業用以外の蒸気	1.19
温水	1.19
冷水	1.19

3　工場等を設置している者は，その設置している全ての工場等の前年度における前項の政令で定めるところにより算定したエネルギーの使用量の合計量が第一項の政令で定める数値以上であるときは，経済産業省令で定めるところにより，その設置している全ての工場等の前年度におけるエネルギーの使用量その他エネルギーの使用の状況に関し，経済産業省令で定める事項を経済産業大臣に届け出なければならない。ただし，同項の規定により指定された者（以下「特定事業者」という。）については，この限りでない。

> 則 第5条　法 第7条第3項の経済産業省令で定めるエネルギーの使用の状況に関する届出：
>
> 　毎年度5月末日までに，様式第1による届出書1通を提出
>
> 則 第6条　法 第7条第3項の経済産業省令で定める事項：
>
> 　工場等を設置している者が設置している全ての工場等の前年度におけるエネルギーの使用量の合計量及びその設置しているそれぞれの工場等の前年度におけるエネルギーの使用量

4　特定事業者は，次の各号のいずれかに掲げる事由が生じたときは，経済産業省令で定めるところにより，経済産業大臣に，第1項の規定による指定を取り消すべき旨の申出をすることができる。

一　その設置している全ての工場等につき事業の全部を行わなくなつたとき。

二　その設置している全ての工場等における第2項の政令で定めるところにより算定したエネルギーの年度の使用量の合計量について第1項の政令で定める数値以上となる見込みがなくなつたとき。

三　連鎖化事業者となつたとき。

> 則 第7条　法 第7条第4項の経済産業省令で定める指定の取消しの申

| 出：
  様式第2による申出書1通を提出

5　経済産業大臣は，前項の申出があつた場合において，その申出に理由があると認めるときは，遅滞なく，第1項の規定による指定を取り消すものとする。前項の申出がない場合において，当該者につき同項各号のいずれかに掲げる事由が生じたと認められるときも，同様とする。

6　経済産業大臣は，特定事業者が認定管理統括事業者又は管理関係事業者となつたときは，当該特定事業者に係る第1項の規定による指定を取り消すものとする。

7　経済産業大臣は，第1項の規定による指定又は前2項の規定による指定の取消しをしたときは，その旨を当該者が設置している工場等に係る事業を所管する大臣に通知するものとする。

ポイント①

　事業者全体のエネルギー使用量（原油換算値）が合計して1500kL ／年度以上である場合は，そのエネルギー使用量，その他エネルギーの使用状況に関し，国に届け出て，特定事業者の指定を受ける必要がある。また，フランチャイズチェーン事業等の本部とその加盟店との間の約款等の内容が，経済産業省令で定める条件に該当する場合は，その本部が連鎖化事業者となり，加盟店を含む事業全体のエネルギー使用量（原油換算値）が合計して1500kL ／年度以上の場合には，その使用量を本部が国に届け出て，本部が特定連鎖化事業者の指定を受ける必要がある（**図 1.3** 参照）。

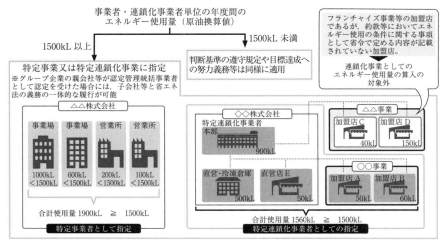

図 1.3　規制の対象となる事業者

ポイント②

　燃料，熱，電気の使用量にそれぞれの換算係数を乗じて，各々の使用熱量ギガジュール（GJ）を求める。その使用熱量 GJ に 0.0258（原油換算係数［kL/GJ］）を乗じてエネルギー使用量（原油換算値）を求める。

第8条　エネルギー管理統括者

　特定事業者は，経済産業省令で定めるところにより，第15条第1項又は第2項の中長期的な計画の作成事務並びにその設置している工場等におけるエネルギーの使用の合理化に関し，エネルギーを消費する設備の維持，エネルギーの使用の方法の改善及び監視その他経済産業省令で定める業務を統括管理する者（以下この条及び次条第1項において「エネルギー管理統括者」という。）を選任しなければならない。

> 則 第8条　法 第8条第1項，第20条第1項又は第32条第1項の規定によるエネルギー管理統括者の選任：
>
> 　一　エネルギー管理統括者を選任すべき事由が生じた日以後遅滞なく選任すること。
>
> 　二　エネルギー管理統括者若しくはエネルギー管理企画推進者又はエネ

ルギー管理者若しくはエネルギー管理員に選任されている者以外の者から選任すること。

[則]第9条　[法]第8条第1項の経済産業省令で定めるエネルギー管理統括者の業務：

一　特定事業者が設置している工場等におけるエネルギーを消費する設備の新設，改造又は撤去に関すること

二　特定事業者が設置している工場等におけるエネルギーの使用の合理化に関する設備の維持及び新設，改造又は撤去に関すること

三　エネルギー管理者及びエネルギー管理員等に対する指導等

四　第36条の報告書の作成事務及び法第162条第3項の報告の作成事務に関すること

[則]第13条第2項及び第3項　経済産業省令第8条第1項，第20条第1項又は第32条第1項の規定にかかわらずエネルギー企画推進者の兼任できる場合：

エネルギー管理統括者を補佐する上で支障がないと認められる場合であつて，経済産業大臣の承認を受けた場合，兼任が可能

2　エネルギー管理統括者は，特定事業者が行う事業の実施を統括管理する者をもつて充てなければならない。

3　特定事業者は，経済産業省令で定めるところにより，エネルギー管理統括者の選任又は解任について経済産業大臣に届け出なければならない。

[則]第12条　[法]第8条第3項，第20条第3項又は第32条第3項の規定のエネルギー管理統括者の選任又は解任の届出：

エネルギー管理統括者の選任又は解任があつた日後の最初の7月末日までに，様式第4による届出書1通を提出

第9条　エネルギー企画推進者

特定事業者は，経済産業省令で定めるところにより，次に掲げる者のうちから，前条第1項に規定する業務（第15条第2項の中長期的な計画の作成事務を除く。）に関し，エネルギー管理統括者を補佐する者（以下この条において「エネルギー管理企画推進者」という。）を選任しなければならない。

一　経済産業大臣又はその指定する者（以下「指定講習機関」という。）が経済産業省令で定めるところにより行うエネルギーの使用の合理化に関し

必要な知識及び技能に関する講習の課程を修了した者

　二　エネルギー管理士免状（第55条に規定するエネルギー管理士免状をいう。以下この節において同じ。）の交付を受けている者

> 則 第13条　法 第9条第1項，第21条第1項又は第32条第1項に規定するエネルギー管理企画推進者の選任
> 　一　エネルギー管理企画推進者を選任すべき事由が生じた日から6月以内に選任すること。
> 　二　エネルギー管理統括者若しくはエネルギー管理企画推進者又はエネルギー管理者若しくはエネルギー管理員に選任されている者以外の者から選任すること。

2　特定事業者は，前項第一号に掲げる者のうちからエネルギー管理企画推進者を選任した場合には，経済産業省令で定める期間ごとに，当該エネルギー管理企画推進者に経済産業大臣又は指定講習機関が経済産業省令で定めるところにより行うエネルギー管理企画推進者の資質の向上を図るための講習を受けさせなければならない。

> 則 第14条　法 第9条第2項，第21条第2項又は第33条第2項の経済産業省令で定める資質の向上を図るための講習の期間：
> 　エネルギー管理企画推進者に選任されている者が講習を受けた日の属する年度の翌年度の開始の日から起算して3年

3　特定事業者は，経済産業省令で定めるところにより，エネルギー管理企画推進者の選任又は解任について経済産業大臣に届け出なければならない。

> 則 第15条　法 第9条第3項，第21条第3項又は第33条第3項の規定によるエネルギー管理企画推進者の選任又は解任の届出：
> 　エネルギー管理企画推進者の選任又は解任があつた日後の最初の7月末日までに，様式第4による届出書1通を提出

第10条　第一種エネルギー管理指定工場等の指定等

　経済産業大臣は，特定事業者が設置している工場等のうち，第7条第2項の政令で定めるところにより算定したエネルギーの年度の使用量が政令で定める数値以上であるものをエネルギーの使用の合理化を特に推進する必要がある工場等として指定するものとする。

> ┃ 令 第 3 条　法 第 10 条第 1 項の第一種エネルギー管理指定工場等の指定
> ┃ に係るエネルギーの使用量：
> ┃　　原油換算エネルギー使用量の数値で 3,000 キロリットル

2　特定事業者のうち前項の規定により指定された工場等（次条第 1 項及び第
　13 条第 1 項において「第一種エネルギー管理指定工場等」という。）を設置
　している者（次条及び第 12 条第 1 項において「第一種特定事業者」とい
　う。）は，当該工場等につき次の各号のいずれかに掲げる事由が生じたとき
　は，経済産業省令で定めるところにより，経済産業大臣に，前項の規定によ
　る指定を取り消すべき旨の申出をすることができる。

一　事業を行わなくなつたとき。

二　第 7 条第 2 項の政令で定めるところにより算定したエネルギーの年度の
　　使用量について前項の政令で定める数値以上となる見込みがなくなつたと
　　き。

> ┃ 則 第 16 条　法 第 10 条第 2 項，第 22 条第 2 項，第 34 条第 2 項又は第
> ┃ 43 条第 2 項の規定による第一種エネルギー管理指定工場等その他の工場等
> ┃ に係る指定の取消しの申出：
> ┃　　様式第 5 による申出書 1 通を提出

3　経済産業大臣は，前項の申出があつた場合において，その申出に理由があ
　ると認めるときは，遅滞なく，第 1 項の規定による指定を取り消すものとす
　る。前項の申出がない場合において，当該工場等につき同項各号のいずれか
　に掲げる事由が生じたと認められるときも，同様とする。

4　経済産業大臣は，第 1 項の規定による指定又は前項の規定による指定の取
　消しをしたときは，その旨を当該工場等に係る事業を所管する大臣に通知す
　るものとする。

第 11 条

　　第一種特定事業者は，経済産業省令で定めるところにより，その設置して
　いる第一種エネルギー管理指定工場等ごとに，政令で定める基準に従つて，
　エネルギー管理士免状の交付を受けている者のうちから，第一種エネルギー
　管理指定工場等におけるエネルギーの使用の合理化に関し，エネルギーを消

費する設備の維持，エネルギーの使用の方法の改善及び監視その他経済産業省令で定める業務を管理する者（次項において「エネルギー管理者」という。）を選任しなければならない。ただし，第一種エネルギー管理指定工場等のうち次に掲げるものについては，この限りでない。

[令] 第4条　[法] 第11条第1項のエネルギー管理者の選任基準

一　コークス製造業，電気供給業，ガス供給業又は熱供給業に属する工場等

次表の上欄（注：左欄）に掲げる前年度における原油換算エネルギー使用量の区分に応じ，同表の下欄（注：右欄）に掲げる数のエネルギー管理者をエネルギー管理士免状の交付を受けている者のうちから選任すること。

10万キロリットル未満	1人
10万キロリットル以上	2人

二　前号に規定する工場等以外の工場等については，次の表の上欄（注：左欄）に掲げる前年度における原油換算エネルギー使用量の区分に応じ，同表の下欄（注：右欄）に掲げる数のエネルギー管理者をエネルギー管理士免状の交付を受けている者のうちから選任すること。

2万キロリットル未満	1人
2万キロリットル以上5万キロリットル未満	2人
5万キロリットル以上10万キロリットル未満	3人
10万キロリットル以上	4人

[則] 第17条第1項　[法] 第11条第1項，第23条第1項，第35条第1項又は第44条第1項の規定によるエネルギー管理者の選任

一　エネルギー管理者を選任すべき事由が生じた日から6月以内に選任すること。

二　エネルギー管理統括者若しくはエネルギー管理企画推進者又はエネルギー管理者若しくはエネルギー管理員に選任されている者以外の者から選任すること。

[則] 第17条第2項，第3項，第4項，第5項及び第6項　エネルギー管理者の兼任できる場合：

業務を管理する上で支障がないと認められ，経済産業大臣の承認を受けた場合，兼任が可能

様式第6に次の書類を添えて，経済産業大臣に提出

一　前4項の選任を必要とする理由を記載した書類

二　前4項の規定により選任するエネルギー管理者の執務に関する説明書

[則] 第18条　[法] 第11条第1項の経済産業省令で定める業務

一　第一種エネルギー管理指定工場等におけるエネルギーの使用の合理化に関する設備の維持に関すること

二　第36条の報告書に係る書類の作成及び法第166条第3項の報告に係る書類の作成

一　第一種エネルギー管理指定工場等のうち製造業その他の政令で定める業種に属する事業の用に供する工場等であつて，専ら事務所その他これに類する用途に供するもののうち政令で定めるもの

[令] 第5条第1項　[法] 第11条第項第一号の政令で定める業種

一　製造業（物品の加工修理業を含む。）

二　鉱業

三　電気供給業

四　ガス供給業

五　熱供給業

[令] 第5条第2項　[法] 第11条第1項第1号，第23条第1項第1号，第35条第1項第1号及び第44条第1項第1号の政令で定めるもの

事務所の用途に供する工場等

二　第一種エネルギー管理指定工場等のうち前号に規定する業種以外の業種に属する事業の用に供する工場等

2　第一種特定事業者は，経済産業省令で定めるところにより，エネルギー管理者の選任又は解任について経済産業大臣に届け出なければならない。

[則] 第22条　[法] 第11条第2項，第23条第2項，第35条第2項又は第44条第2項のエネルギー管理者の選任又は解任の届出：

エネルギー管理者の選任又は解任があつた日後の最初の7月末日までに，様式第7による届出書1通を提出

第12条

第一種特定事業者のうち前条第1項各号に掲げる工場等を設置している者

（以下この条において「第一種指定事業者」という。）は，経済産業省令で定めるところにより，その設置している当該工場等ごとに，第9条第1項各号に掲げる者のうちから，前条第1項各号に掲げる工場等におけるエネルギーの使用の合理化に関し，エネルギーを消費する設備の維持，エネルギーの使用の方法の改善及び監視その他経済産業省令で定める業務を管理する者（以下この条において「エネルギー管理員」という。）を選任しなければならない。

> 則 第23条第1項 法 第12条第1項，第14条第1項，第24条第1項，第26条第1項，第36条第1項，第38条第1項，第45条第1項又は第47条第1項の経済産業省省令で定めるエネルギー管理員の選任
>
> 一 エネルギー管理員を選任すべき事由が生じた日から6月以内に選任すること。
> 二 エネルギー管理統括者若しくはエネルギー管理企画推進者又はエネルギー管理者若しくはエネルギー管理員に選任されている者以外の者から選任すること。
>
> 則 第23条第2項，第4項，第6項，第8項及び第10項 エネルギー管理員の兼任できる場合：
>
> 業務を管理する上で支障がないと認められ，経済産業大臣の承認を受けた場合，兼任が可能
>
> 様式第6に次の書類を添えて，経済産業大臣に提出
> 一 前八項の選任を必要とする理由を記載した書類
> 二 前八項の規定により選任するエネルギー管理員の執務に関する説明書
>
> 則 第24条 法 第12条第1項の経済産業省令で定める業務：
>
> 一 第一種エネルギー管理指定工場等におけるエネルギーの使用の合理化に関する設備の維持に関すること
> 二 第36条の報告書に係る書類の作成及び法第166条第3項の報告に係る書類の作成

2 第一種指定事業者は，第9条第1項第一号に掲げる者のうちからエネルギー管理員を選任した場合には，経済産業省令で定める期間ごとに，当該エネルギー管理員に経済産業大臣又は指定講習機関が経済産業省令で定めるところにより行うエネルギー管理員の資質の向上を図るための講習を受けさせなければならない。

[則] 第32条　[法] 第12条第2項，第14条第2項，第24条第2項，第26条第2項，第36条第2項，第38条第2項，第45条第2項又は第47条第2項の経済産業省令で定める資質の向上を図るための講習の期間：

　エネルギー管理員に選任されている者が講習を受けた日の属する年度の翌年度の開始の日から起算して3年

　ただし，当該者が次に掲げる者である場合には，エネルギー管理員に選任された日の属する年度の翌年度の開始の日から起算して1年とする。

　一　法第9条第1項第一号に規定する講習を受けた日から起算して2年を超えた日以降にエネルギー管理員に選任された者

　二　エネルギー管理企画推進者又はエネルギー管理員を解任された後，当該者が受けた法第9条第2項，第12条第2項，第14条第2項，第21条第2項，第24条第2項，第26条第2項，第33条第2項，第36条第2項，第38条第2項，第45条第2項又は第47条第2項に規定する講習のうち直近のものを受けた日の属する年度の翌年度の開始の日から起算して2年を超えた日以降にエネルギー管理員に選任された者

3　第一種指定事業者は，経済産業省令で定めるところにより，エネルギー管理員の選任又は解任について経済産業大臣に届け出なければならない。

[則] 第33条　[法] 第12条第3項，第14条第3項，第24条第3項，第26条第3項，第36条第3項，第38条第3項，第45条第3項又は第47条第3項のエネルギー管理員の選任又は解任の届出

　エネルギー管理員の選任又は解任があつた日後の最初の7月末日までに，様式第7による届出書1通を提出

第13条　第二種エネルギー管理指定工場等の指定等

　経済産業大臣は，特定事業者が設置している工場等のうち第一種エネルギー管理指定工場等以外の工場等であつて第7条第2項の政令で定めるところにより算定したエネルギーの年度の使用量が同条第1項の政令で定める数値を下回らない数値であつて政令で定めるもの以上であるものを第一種エネルギー管理指定工場等に準じてエネルギーの使用の合理化を特に推進する必要がある工場等として指定するものとする。

[令] 第6条　[法] 第13条第1項の政令で定める数値
　原油換算エネルギー使用量の数値で1500キロリットル

2　特定事業者のうち前項の規定により指定された工場等（第 4 項及び次条第
　 1 項において「第二種エネルギー管理指定工場等」という。）を設置してい
　 る者（同条において「第二種特定事業者」という。）は，当該工場等につき
　 次の各号のいずれかに掲げる事由が生じたときは，経済産業省令で定めると
　 ころにより，経済産業大臣に，前項の規定による指定を取り消すべき旨の申
　 出をすることができる。

一　事業を行わなくなつたとき。

二　第 7 条第 2 項の政令で定めるところにより算定したエネルギーの年度の
　 使用量について前項の政令で定める数値以上となる見込みがなくなつたと
　 き。

> 則 第 34 条　法 第 13 条第 2 項，第 25 条第 2 項，第 37 条第 2 項又は第
> 46 条第 2 項の経済産業省令で定める指定の取消しの申出
> 　様式第 5 による申出書 1 通を提出

3　経済産業大臣は，前項の申出があつた場合において，その申出に理由があ
　 ると認めるときは，遅滞なく，第 1 項の規定による指定を取り消すものとす
　 る。前項の申出がない場合において，当該工場等につき同項各号のいずれか
　 に掲げる事由が生じたと認められるときも，同様とする。

4　経済産業大臣は，第二種エネルギー管理指定工場等における第 7 条第 2 項
　 の政令で定めるところにより算定したエネルギーの年度の使用量が第 10 条
　 第 1 項の政令で定める数値以上となつた場合であつて，当該工場等を同項の
　 規定により指定するときは，当該工場等に係る第 1 項の規定による指定を取
　 り消すものとする。

5　経済産業大臣は，第 1 項の規定による指定又は前 2 項の規定による指定の
　 取消しをしたときは，その旨を当該工場等に係る事業を所管する大臣に通知
　 するものとする。

ポイント

　工場・事業場単位でエネルギー使用量が3000kL ／年度以上の場合には第一
種エネルギー管理指定工場等，1500 〜 3000kL ／年度以上の場合には，第二
種エネルギー管理指定工場等の指定を受ける（**図 1.4** 参照）。

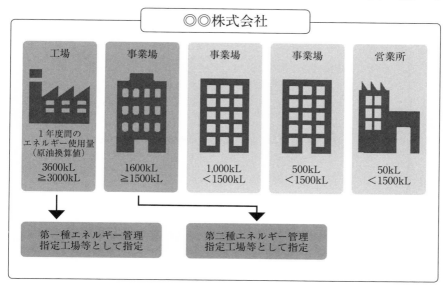

図 1.4　エネルギー管理指定工場等

第14条

　　第二種特定事業者は，経済産業省令で定めるところにより，その設置して
いる第二種エネルギー管理指定工場等ごとに，第9条第1項各号に掲げる者
のうちから，第二種エネルギー管理指定工場等におけるエネルギーの使用の
合理化に関し，エネルギーを消費する設備の維持，エネルギーの使用の方法
の改善及び監視その他経済産業省令で定める業務を管理する者（以下この条
において「エネルギー管理員」という。）を選任しなければならない。

　　則 第23条第1項　法 第12条第1項，第14条第1項，第24条第1
　　項，第26条第1項，第36条第1項，第38条第1項，第45条第1項又
　　は第47条第1項の経済産業省省令で定めるエネルギー管理員の選任：
　　　一　エネルギー管理員を選任すべき事由が生じた日から6月以内に選任
　　　　すること。
　　　二　エネルギー管理統括者若しくはエネルギー管理企画推進者又はエネ
　　　　ルギー管理者若しくはエネルギー管理員に選任されている者以外の者
　　　　から選任すること。
　　則 第23条第3項，第5項，第7項，第9項及び第10項　エネルギー管

理員の兼任できる場合:

業務を管理する上で支障がないと認められ，経済産業大臣の承認を受けた場合，兼任が可能

様式第6に次の書類を添えて，経済産業大臣に提出

一　前8項の選任を必要とする理由を記載した書類

二　前8項の規定により選任するエネルギー管理員の執務に関する説明書

則 第25条　法 第14条第1項の経済産業省令で定める業務:

一　第二種エネルギー管理指定工場等におけるエネルギーの使用の合理化に関する設備の維持に関すること

二　第36条の報告書に係る書類の作成及び法第162条第3項の報告に係る書類の作成

2　第二種特定事業者は，第9条第1項第一号に掲げる者のうちからエネルギー管理員を選任した場合には，経済産業省令で定める期間ごとに，当該エネルギー管理員に経済産業大臣又は指定講習機関が経済産業省令で定めるところにより行うエネルギー管理員の資質の向上を図るための講習を受けさせなければならない。

則 第32条　法 第12条第2項，第14条第2項，第24条第2項，第26条第2項，第36条第2項，第38条第2項，第45条第2項又は第47条第2項の経済産業省令で定める資質の向上を図るための講習の期間:

エネルギー管理員に選任されている者が講習を受けた日の属する年度の翌年度の開始の日から起算して3年

ただし，当該者が次に掲げる者である場合には，エネルギー管理員に選任された日の属する年度の翌年度の開始の日から起算して1年とする。

一　法第9条第1項第1号に規定する講習を受けた日から起算して2年を超えた日以降にエネルギー管理員に選任された者

二　エネルギー管理企画推進者又はエネルギー管理員を解任された後，当該者が受けた法第9条第2項，第12条第2項，第14条第2項，第21条第2項，第24条第2項，第26条第2項，第33条第2項，第36条第2項，第38条第2項，第45条第2項又は第47条第2項に規定する講習のうち直近のものを受けた日の属する年度の翌年度の開始の日から起算して2年を超えた日以降にエネルギー管理員に選任された者

3　第二種特定事業者は，経済産業省令で定めるところにより，エネルギー管

理員の選任又は解任について経済産業大臣に届け出なければならない。

> 則 第 33 条　法 第 12 条第 3 項，第 14 条第 3 項，第 24 条第 3 項，第 26
> 条第 3 項，第 36 条第 3 項，第 38 条第 3 項，第 45 条第 3 項又は第 47 条
> 第 3 項のエネルギー管理員の選任又は解任の届出：
> 　エネルギー管理員の選任又は解任があつた日後の最初の 7 月末日までに，
> 様式第 7 による届出書 1 通を提出

ポイント①

　特定事業者，特定連鎖化事業者又は認定管理統括事業者は，**表 1.3** の義務，目標が課せられる。また，エネルギー管理指定工場等は，個別に**表 1.4** の義務が課せられる。

表 1.3　事業者全体としての義務

年度間エネルギー使用量（原油換算値 kL）	1500kL ／年度以上		1500kL ／年度未満
事業者の区分	特定事業者，特定連鎖化事業者又は認定管理統括事業者（管理関係事業者を含む）		－
事業者の義務　選任すべき者	エネルギー管理統括者及びエネルギー管理企画推進者		－
事業者の義務　提出すべき書類	エネルギー使用状況届出書（指定時のみ）エネルギー管理統括者等の選解任届出書（選解任時のみ）定期報告書（毎年度）及び中長期計画書（原則毎年度）		－
事業者の義務　取り組むべき事項	判断基準に定めた措置の実践（管理標準の設定，省エネ措置の実施等）電気の需要の最適化の指針に定めた措置の実践（燃料転換，稼動時間の変更等）		
事業者の努力目標	中長期的にみて年平均 1 ％以上のエネルギー消費原単位又は電気需要最適化評価原単位の低減ベンチマーク指標の目指すべき水準の達成		
行政によるチェック	指導・助言，報告徴収・立入検査，合理化計画の作成指示への対応（指示に従わない場合，公表・命令）等		指導・助言への対応

表1.4　エネルギー管理指定工場等ごとの義務

年度間エネルギー使用量（原油換算値 kL）	3000kL ／年度以上		1500kL ／年度以上～ 3000kL ／年度未満	1500kL ／年度未満
指定区分	第一種エネルギー管理指定工場等		第二種エネルギー管理指定工場等	指定なし
事業者の区分	第一種特定事業者		第二種特定事業者	－
		第一種指定事業者		
業種	製造業等 5 業種（鉱業，製造業，電気供給業，ガス供給業，熱供給業）※事務所を除く	左記業種の事務所左記以外の業種（ホテル，病院，学校等）	全ての業種	全ての業種
選任すべき者	エネルギー管理者	エネルギー管理員	エネルギー管理員	－
提出すべき書類	定期報告書（指定表の提出が必要）			－

　表 1.4 のうち，指定区分・事業者の区分に記載されている用語は，特定連鎖化事業者，認定管理統括事業者及び管理関係事業者においては次の表の通り読み替える。

事業者の区分	指定区分		
特定事業者	第一種（第二種）エネルギー管理指定工場等	第一種（第二種）特定事業者	第一種指定事業者
特定連鎖化事業者	第一種（第二種）連鎖化エネルギー管理指定工場等	第一種（第二種）特定連鎖化事業者	第一種指定連鎖化事業者
認定管理統括事業者	第一種（第二種）管理統括エネルギー管理指定工場等	第一種（第二種）認定管理統括事業者	第一種指定管理統括事業者
管理関係事業者	第一種（第二種）管理関係エネルギー管理指定工場等	第一種（第二種）管理関係事業者	第一種指定管理関係事業者

ポイント②

　エネルギー管理統括者（8条），エネルギー管理企画推進者（9条），エネルギー管理者（11条），エネルギー管理員（12条，14条）の役割，選任・資格要件等について**表 1.5** 及び**表 1.6** に示す。

表 1.5　エネルギー管理統括者等の役割，選任・資格要件，選任時期

| 選任すべき者 | 役割 | | 選任・資格要件 | 選任時期（選任／解任の届出時期） |
	事業者単位のエネルギー管理	工場等単位のエネルギー管理		
エネルギー管理統括者	①経営的視点を踏まえた取組の推進 ②中長期計画のとりまとめ ③現場管理に係る企画立案，実務の統制	－	事業経営の一環として，事業者全体の鳥瞰的なエネルギー管理を行い得る者 （役員クラスを想定）	選任すべき事由が生じた日以後遅滞なく選任 （選任／解任のあった日後の最初の7月末日）
エネルギー管理企画推進者	エネルギー管理統括者を実務面から補佐	－	エネルギー管理士又はエネルギー管理講習修了者	選任すべき事由が生じた日から6ヶ月以内に選任
エネルギー管理者	－	第一種エネルギー管理指定工場等に係る現場管理 （第一種指定事業者を除く）	エネルギー管理士	
エネルギー管理員	－	第一種エネルギー管理指定工場等に係る現場管理 （第一種指定事業者の場合）	エネルギー管理士又はエネルギー管理講習修了者	
		第二種エネルギー管理指定工場等に係る現場管理		

表 1.6 エネルギー管理統括者等の選任数

選任すべき者	事業者の区分				選任数
エネルギー管理統括者	特定事業者，特定連鎖化事業者又は認定管理統括事業者				1人
エネルギー管理企画推進者	特定事業者，特定連鎖化事業者又は認定管理統括事業者				1人
エネルギー管理者	工場等（製造業等5業種） 第一種特定事業者（第一種エネルギー管理指定 （第一種指定事業者を除く）	①コークス製造業，電気供給業，ガス供給業，熱供給業の場合	10万kL／年度以上		2人
			10万kL／年度未満		1人
		②製造業（コークス製造業を除く），鉱業の場合	10万kL／年度以上		4人
			5万kL／年度以上 10万kL／年度未満		3人
			2万kL／年度以上 5万kL／年度未満		2人
			2万kL／年度未満		1人
エネルギー管理員	第一種指定事業者 （第一種エネルギー管理指定工場等（製造業等5業種以外））				1人
	第二種特定事業者（第二種エネルギー管理指定工場等）				1人

第15条　中長期的な計画の作成

　特定事業者は，経済産業省令で定めるところにより，定期に，その設置している工場等について第5条第1項に規定する判断の基準となるべき事項において定められたエネルギーの使用の合理化の目標に関し，その達成のための中長期的な計画を作成し，主務大臣に提出しなければならない。

2　特定事業者（その設置している全ての工場等における第7条第2項の政令で定めるところにより算定したエネルギーの年度の使用量から他の者に供給された熱又は電気を発生させるために使用された化石燃料及び非化石燃料の使用量を除いたエネルギーの年度の使用量の合計量が同条第1項の政令で定める数値未満である者を除く。）は，経済産業省令で定めるところにより，定期に，その設置している工場等について第5条第2項に規定する判断の基準となるべき事項において定められた非化石エネルギーへの転換（他の者に熱又は電気を供給する者にあつては，当該熱又は電気を発生させるために使用される化石燃料及び非化石燃料に係る部分を除く。）の目標に関し，その達成のための中長期的な計画を作成し，主務大臣に提出しなければならな

い。

[則] **第 35 条中長期的な計画の提出：**

[則] **第 35 条第 1 項**

　法第 15 条第 1 項及び第 2 項，第 27 条第 1 項及び第 2 項又は第 39 条第 1 項及び第 2 項の規定による計画（次項において単に「計画」という。）の提出は，毎年度 7 月末日までに，様式第 8 による計画書 1 通により行わなければならない。ただし，災害その他やむを得ない事由により当該期限までに行うことが困難であるときは，経済産業大臣が当該事由を勘案して定める期限までに行わなければならない。

[則] **第 35 条第 2 項**

　前項の規定にかかわらず，法第 15 条第 1 項，第 27 条第 1 項又は第 39 条第 1 項の規定による計画を提出しようとする年度（4 月 1 日から翌年 3 月 31 日までをいう。以下同じ。）の 4 月 1 日前に終了した直近の年度（以下この項において「申請前年度」という。）において申請前年度を含めて過去 2 年度以上継続して次に掲げる要件のいずれかを満たす者は，当該要件のいずれかを満たしている限りにおいて，計画を最後に提出した日から起算して 5 年を超えない範囲内で特定事業者等が定める期間の終期の属する年度の 7 月末日までに，様式第 8 による計画書 1 通を提出すればよい。ただし，災害その他やむを得ない事由により当該期限までに提出することが困難であるときは，経済産業大臣が当該事由を勘案して定める期限までに提出すればよい。

　　一　エネルギーの使用の効率（その効率を算定しようとする年度に係るエネルギーの使用の合理化に関する法第 5 条第 1 項に規定する判断の基準（以下「エネルギーの使用の合理化に関する判断基準」という。）に定めるエネルギー消費原単位を当該年度の 4 年度前の年度に係るエネルギー消費原単位で除して得た割合を 4 乗根して得た割合又は，当該年度に係るエネルギーの使用の合理化に関する判断基準に定める電気需要最適化評価原単位を当該年度の 4 年度前の年度に係る電気需要最適化評価原単位で除して得た割合を 4 乗根して得た割合をいう。第 37 条第 7 号において同じ。）が 99 パーセント以下であること。

　　二　エネルギーの使用の合理化に関する判断基準に定めるベンチマーク指標に基づき算出される値が判断基準に掲げる目指すべき水準を達成していること（当該特定事業者等が行う事業のうち，判断基準に掲げる目指すべき水準を達成している事業におけるエネルギーの年度の使

用量が当該特定事業者等が設置している全ての工場等（特定連鎖化事業者にあつては，当該特定連鎖化事業者が行う連鎖化事業の加盟者が設置している当該連鎖化事業に係る工場等を含み，認定管理統括事業者にあつては，その管理関係事業者が設置している工場等を含む。）におけるエネルギーの年度の使用量の過半を占めている場合に限る。）。

[則] **第35条第3項**

第1項の規定にかかわらず，法第15条第2項，第27条第2項又は第39条第2項の規定による計画（以下この項において単に「計画」という。）の内容が，計画を提出しようとする年度の4月1日前に終了した直近の年度から変更がないときは，計画を最後に提出した日から起算して5年を超えない範囲内で特定事業者等が定める期間の終期の属する年度の7月末日までに，様式第8による計画書1通を提出すればよい。

3　主務大臣は，特定事業者による前2項の計画の適確な作成に資するため，それぞれ必要な指針を定めることができる。

4　主務大臣は，前項の指針を定めた場合には，これを公表するものとする。

ポイント

令和5年4月1日に施行された改正省エネ法では，2050年のカーボンニュートラルに向けて，①さらなる省エネの深堀，②需要サイドの非化石エネルギーへの転換，③太陽光等変動再エネの増加などの供給構造の変化を踏まえた需要の最適化が重要であることから以下の措置を講じている。

（1）エネルギーの使用の合理化の対象範囲の拡大【エネルギーの定義の見直し】

➣　「エネルギー」の定義を拡大し，非化石エネルギーを含む全てのエネルギーの使用の合理化を求める。

➣　電気の一次エネルギー換算係数は，全国一律の全電源平均係数を基本とする。

（2）非化石エネルギーへの転換に関する措置【新設】

➣　特定事業者に対し，非化石エネルギーへの転換の目標に関する中長期計画の作成及び非化石エネルギーの利用状況等の定期報告を求める。

➣　電気事業者から調達した電気の評価は，小売電気事業者（メニュー）別の

非化石電源比率を反映する。

（3）電気需要最適化に関する措置【電気需要平準化の見直し】

➤　再エネ出力制御時への需要シフト（上げDR）や需給状況が厳しい時間帯の需要減少（下げDR）を促す枠組を構築

➤　電気事業者に対し，電気需要最適化に資する料金体系等の整備に関する計画作成を求める。

➤　電気消費機器（トップランナー機器）への電気需要最適化に係る性能の向上の努力義務

第16条　定期の報告

　特定事業者は，毎年度，経済産業省令で定めるところにより，その設置している工場等におけるエネルギーの使用量その他エネルギーの使用の状況（エネルギーの使用の効率及びエネルギーの使用に伴つて発生する二酸化炭素の排出量に係る事項を含む。）並びにエネルギーを消費する設備及びエネルギーの使用の合理化に関する設備の設置及び改廃の状況に関し，経済産業省令で定める事項を主務大臣に報告しなければならない。

則 第36条

　法第16条第1項，第28条第1項又は第40条第1項の規定による報告は，毎年度7月末日までに，様式第9による報告書1通を提出してしなければならない。ただし，災害その他やむを得ない事由により当該期限までに提出してすることが困難であるときは，経済産業大臣が当該事由を勘案して定める期限までに提出してしなければならない。

則 第37条

　法第16条第1項，第28条第1項又は第40条第1項の経済産業省令で定める事項は，前年度における次に掲げる事項とする。

　　一　エネルギーの種類別の使用量及び販売した副生エネルギーの量並びにそれらの合計量

　　二　前年度のエネルギーの使用量が令第6条で定める数値以上の工場等（第一種エネルギー管理指定工場等，第二種エネルギー管理指定工場等，第一種連鎖化エネルギー管理指定工場等，第二種連鎖化エネルギ

一管理指定工場等，第一種管理統括エネルギー管理指定工場等，第二種管理統括エネルギー管理指定工場等，第一種管理関係エネルギー管理指定工場等又は第二種管理関係エネルギー管理指定工場等を除く。）にあつては，その使用量

三　エネルギーを消費する設備の新設，改造又は撤去の状況及び稼働状況

四　エネルギーの使用の合理化に関する設備の新設，改造又は撤去の状況及び稼働状況

五　判断基準の遵守状況及び電気の需要の最適化に資する措置に関する法第5条第2項に規定する指針に従つて講じた措置の状況その他のエネルギーの使用の合理化等に関し実施した措置

六　生産数量（これに相当する金額を含む。）又は建物延床面積その他のエネルギーの使用量と密接な関係をもつ値

七　エネルギーの使用の効率

八　非化石エネルギーの使用状況

九　判断基準に定めるベンチマーク指標に基づき算出される値

十　エネルギーの使用に伴つて発生する二酸化炭素の排出量

則 第38条

特定事業者等は，前条に掲げる事項の報告に併せて，経済産業大臣が定めるところにより，我が国全体のエネルギーの使用の合理化を図るため当該特定事業者等が自主的に行う技術の提供，助言，事業の連携等による他の者のエネルギーの使用の合理化の促進に寄与する取組を報告することができる。

2　経済産業大臣は，前項の経済産業省令（エネルギーの使用に伴つて発生する二酸化炭素の排出量に係る事項に限る。）を定め，又はこれを変更しようとするときは，あらかじめ，環境大臣に協議しなければならない。

ポイント

令和5年4月1日施行の改正省エネ法では従来のエネルギー消費原単位の改善に加え，非化石エネルギーへの転換，電気需要の最適化が評価される（**表1.7**参照）。

表1.7　改正省エネ法における3つの評価軸

	(1) エネルギーの使用の合理化	今回の法改正によって発展	
		(2) 非化石エネルギーへの転換	(3) 電気の需要の最適化
評価対象	エネルギー消費原単位の改善	非化石エネルギーへの転換の状況（セメント製造業の「キルン等の非化石率」等）	DR 実施回数等
評価基準	年平均1%改善目標（又は電気需要最適化評価原単位1%改善）業種ごとのベンチマーク目標（SABC 評価）	業種別の非化石転換の目安（「セメント製造業の28%」等）	今後，詳細検討
取組が不十分と認められる場合の措置	指導及び助言合理化計画作成指示合理化計画実施指示合理化計画作成又は実施指示に従わなかった場合の公表合理化計画作成又は実施の指示に従わなかった場合の命令	指導及び助言勧告・公表	指導及び助言
罰則	〈以下の場合，50万円以下の罰金〉・定期報告をしない，又は虚偽の報告をした場合・立入検査を拒み，妨げ，又は忌避した場合〈以下の場合，100万円以下の罰金〉・合理化計画作成又は実施の指示に従わなかった場合の命令に正当な理由なく従わなかった場合		

第17条　合理化計画に係る指示及び命令

　　主務大臣は，特定事業者が設置している工場等におけるエネルギーの使用の合理化の状況が第5条第1項に規定する判断の基準となるべき事項に照らして著しく不十分であると認めるときは，当該特定事業者に対し，当該特定事業者のエネルギーを使用して行う事業に係る技術水準，同条第3項に規定する指針に従つて講じた措置の状況その他の事情を勘案し，その判断の根拠を示して，エネルギーの使用の合理化に関する計画（以下「合理化計画」という。）を作成し，これを提出すべき旨の指示をすることができる。

2　主務大臣は，合理化計画が当該特定事業者が設置している工場等に係るエネルギーの使用の合理化の適確な実施を図る上で適切でないと認めるときは，当該特定事業者に対し，合理化計画を変更すべき旨の指示をすることができる。

3　主務大臣は，特定事業者が合理化計画を実施していないと認めるときは，当該特定事業者に対し，合理化計画を適切に実施すべき旨の指示をすることができる。

4　主務大臣は，前3項に規定する指示を受けた特定事業者がその指示に従わ

なかつたときは，その旨を公表することができる。

5　主務大臣は，第1項から第3項までに規定する指示を受けた特定事業者が，正当な理由がなくてその指示に係る措置をとらなかつたときは，審議会等（国家行政組織法（昭和23年法律第120号）第8条に規定する機関をいう。以下同じ。）で政令で定めるものの意見を聴いて，当該特定事業者に対し，その指示に係る措置をとるべきことを命ずることができる。

第18条　非化石エネルギーへの転換に関する勧告等

主務大臣は，第15条第2項に規定する特定事業者が設置している工場等における同項に規定する非化石エネルギーへの転換の状況が第5条第2項に規定する判断の基準となるべき事項に照らして著しく不十分であると認めるときは，当該特定事業者に対し，当該特定事業者のエネルギーを使用して行う事業に係る技術水準，同条第3項に規定する指針に従つて講じた措置の状況その他の事情を勘案し，その判断の根拠を示して，非化石エネルギーへの転換に関し必要な措置をとるべき旨の勧告をすることができる。

2　主務大臣は，前項に規定する勧告を受けた特定事業者がその勧告に従わなかつたときは，その旨を公表することができる。

※本書では，以下 法 第3款より第5款を省略する。

第3款　特定連鎖化事業者に係る措置

第19条～第30条　略

第4款　認定管理統括事業者に係る措置

第31条～第42条　略

第5款　管理関係事業者に係る措置

第43条～第47条　略

ポイント

第19条～第47条は，特定事業者の「第一種（第二種）エネルギー管理指定工場」，「第一種（第二種）特定事業者」，「第一種指定事業者」の関係を特定連鎖化事業者，認定管理統括事業者及び管理関係事業者について規定している。

　なお，特定連鎖化事業者，認定管理統括事業者及び管理関係事業者は，それぞれ以下に示す事業者をいう。

〈特定連鎖化事業者〉

　定型的な約款による契約に基づき，特定の商標，商号その他の表示を使用させ，商品の販売又は役務の提供に関する方法を指定し，かつ，継続的に経営に関する指導を行う事業であって，本部と加盟店の関係において次の（1）及び（2）の事項を約款に定めがある事業を行う者を連鎖化事業者と言う（則）第39条）。当該連鎖化事業全体のエネルギー使用量（原油換算値）の合計が1500kL／年度以上である場合は，国に届け出て，特定連鎖化事業者の指定を受ける必要がある。

（1）本部が加盟店に対し，加盟店のエネルギーの使用の状況に関する報告をさせることができること。

（2）加盟店の設備に関し，以下のいずれかを指定していること。

●空気調和設備の機種，性能又は使用方法
●冷凍機器又は冷蔵機器の機種，性能又は使用方法
●照明器具の機種，性能又は使用方法
●調理用機器又は加熱用機器の機種，性能又は使用方法

〈認定管理統括事業者〉

　グループ企業の親会社等が，グループの一体的な省エネ取組を統括管理する者として認定を受けた場合，子会社等も含めて当該親会社等が認定管理統括事業者となって定期報告の提出等の義務の一体的な履行を認めている（**図1.5**参照）。

〈管理関係事業者〉

　管理関係事業者とは，グループ企業の親会社等が認定管理統括事業者となって一体的な省エネ取組を行って，定期報告の提出等の義務を一体的に行う場合の当該グループ企業の子会社等をいう。

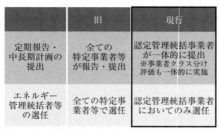
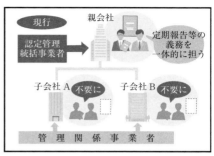

※エネルギー管理者及びエネルギー管理員は引き続き
　エネルギー管理指定工場等ごとに選任することが必要

：エネルギー管理統括者　　：エネルギー管理企画推進者　　：定期報告及び中長期計画

図 1.5　認定管理統括事業者の認定制度
（工場・事業場規制の場合）

第6款　雑則

第48条　エネルギー管理者等の義務

　　第11条第1項，第23条第1項，第35条第1項及び第44条第1項に規定するエネルギー管理者（次項において単に「エネルギー管理者」という。）並びに第12条第1項，第14条第1項，第24条第1項，第26条第1項，第36条第1項，第38条第1項，第45条第1項及び前条第1項に規定するエネルギー管理員（次項において単に「エネルギー管理員」という。）は，その職務を誠実に行わなければならない。

2　第8条第1項，第20条第1項及び第32条第1項に規定するエネルギー管理統括者は，エネルギー管理者又はエネルギー管理員（次項において「エネルギー管理者等」という。）のその職務を行う工場等におけるエネルギーの使用の合理化に関する意見を尊重しなければならない。

3　エネルギー管理者等が選任された工場等の従業員は，これらの者がその職務を行う上で必要であると認めてする指示に従わなければならない。

第49条　情報の提供

　　独立行政法人エネルギー・金属鉱物資源機構は，第15条第2項，第27条第2項又は第39条第2項の規定により中長期的な計画を作成する特定事業者，特定連鎖化事業者又は認定管理統括事業者の依頼に応じて，独立行政法

人エネルギー・金属鉱物資源機構法（平成14年法律第94号）第11条第1
項第一号に規定する水素の調達又は貯蔵に関して必要な情報の提供を行うも
のとする。

第50条　連携省エネルギー計画の認定

　　工場等を設置している者は，他の工場等を設置している者と連携して工場
等におけるエネルギーの使用の合理化を推進する場合には，共同で，その連
携して行うエネルギーの使用の合理化のための措置（以下「連携省エネルギ
ー措置」という。）に関する計画（以下「連携省エネルギー計画」という。）
を作成し，経済産業省令で定めるところにより，これを経済産業大臣に提出
して，その連携省エネルギー計画が適当である旨の認定を受けることができ
る。

> 則 第47条　法 第50条第1項の連携省エネルギー計画の認定の申請：
> 　共同で，様式第13による申請書及びその写し各1通を，経済産業大臣又
> は経済産業局長に提出
> 則 第48条　連携省エネルギー計画の認定：略

2　連携省エネルギー計画には，次に掲げる事項を記載しなければならない。

　一　連携省エネルギー措置の目標

　二　連携省エネルギー措置の内容及び実施期間

　三　連携省エネルギー措置を行う者が設置している工場等（当該者が連鎖化
　　事業者である場合にあつては当該者が行う連鎖化事業の加盟者が設置して
　　いる当該連鎖化事業に係る工場等を含み，当該者が認定管理統括事業者で
　　ある場合にあつてはその管理関係事業者が設置している工場等（当該管理
　　関係事業者が連鎖化事業者である場合にあつては，当該者が行う連鎖化事
　　業の加盟者が設置している当該連鎖化事業に係る工場等を含む。）を含
　　む。）において当該連携省エネルギー措置に関してそれぞれ使用したこと
　　とされるエネルギーの量の算出の方法

3　経済産業大臣は，連携省エネルギー計画の適確な作成に資するため，必要
　な指針を定め，これを公表するものとする。

4　経済産業大臣は，第1項の認定の申請があつた場合において，当該申請に

係る連携省エネルギー計画が次の各号のいずれにも適合するものであると認めるときは，その認定をするものとする。

一　第2項各号に掲げる事項が前項の指針に照らして適切なものであること。

二　第2項第二号に掲げる事項が確実に実施される見込みがあること。

第51条　連携省エネルギー計画の変更等

前条第1項の認定を受けた者は，当該認定に係る連携省エネルギー計画を変更しようとするときは，経済産業省令で定めるところにより，共同で，経済産業大臣の認定を受けなければならない。ただし，経済産業省令で定める軽微な変更については，この限りでない。

> 則 第49条第1項　法 第51条第1項の認定連携省エネルギー計画の変更に係る認定の申請及び認定：
>
> 　様式第15による申請書及びその写し各1通を，経済産業大臣又は経済産業局長に提出
>
> 則 第49条第2項，第3項及び第4項　　：略

2　前条第1項の認定を受けた者は，前項ただし書の経済産業省令で定める軽微な変更をしたときは，経済産業省令で定めるところにより，共同で，遅滞なく，その旨を経済産業大臣に届け出なければならない。

> 則 第50条第1項　法 第51条第2項の経済産業省令で定める軽微な変更：
>
> 　一　法 第50条第4項の認定を受けた者の名称又は住所の変更
>
> 　二　前号に掲げるもののほか，連携省エネルギー計画の実施に支障がないと経済産業大臣が認める変更
>
> 則 第50条第2項　法 第51条第2項の認定連携省エネルギー計画の軽微な変更に係る届出：
>
> 　様式第17による届出書を提出

3　経済産業大臣は，前条第1項の認定を受けた者が当該認定に係る連携省エネルギー計画（第1項の規定による変更の認定又は前項の規定による変更の届出があつたときは，その変更後のもの）に従つて連携省エネルギー措置を行つていないとき，又は前2項の規定に違反したときは，その認定を取り消

すことができる。

┃ 則 第51条 法 第51条第3項の認定連携省エネルギー計画の認定の取
┃ 消し：略

4　前条第4項の規定は，第1項の認定について準用する。

第52条　連携省エネルギー計画に係る定期の報告の特例等

　　第50条第1項の認定を受けた特定事業者に関する第16条第1項の規定の
　適用については，同項中「使用量」とあるのは，「使用量，第50条第1項の
　認定に係る連携省エネルギー措置に係る当該工場等において使用したエネル
　ギーの量及び同条第2項第三号に規定する算出の方法により当該連携省エネ
　ルギー措置に関して当該工場等において使用したこととされるエネルギーの
　量」とする。

2　第50条第1項の認定を受けた特定連鎖化事業者に関する第28条第1項の
　規定の適用については，同項中「使用量」とあるのは，「使用量，第50条第
　1項の認定に係る連携省エネルギー措置に係るこれらの工場等において使用
　したエネルギーの量及び同条第2項第三号に規定する算出の方法により当該
　連携省エネルギー措置に関してこれらの工場等において使用したこととされ
　るエネルギーの量」とする。

3　第50条第1項の認定を受けた認定管理統括事業者に関する第40条第1項
　の規定の適用については，同項中「使用量」とあるのは，「使用量，第50条
　第1項の認定に係る連携省エネルギー措置に係るこれらの工場等において使
　用したエネルギーの量及び同条第2項第三号に規定する算出の方法により当
　該連携省エネルギー措置に関してこれらの工場等において使用したこととさ
　れるエネルギーの量」とする。

第53条

　　第50条第1項の認定を受けた者（特定事業者，特定連鎖化事業者及び認
　定管理統括事業者を除く。）は，毎年度，経済産業省令で定めるところによ
　り，当該認定に係る連携省エネルギー措置に係るその設置している工場等に
　おいて使用したエネルギーの量及び同条第2項第三号に規定する算出の方法

により当該連携省エネルギー措置に関して当該工場等において使用したこととされるエネルギーの量その他の連携省エネルギー措置の実施の状況に関し，経済産業省令で定める事項を主務大臣に報告しなければならない。

> 則 第52条　法 第53条の報告：
> 　毎年度7月末日までに，様式第19による報告書1通を提出
> 則 第53条　法 第53条の経済産業省令で定める事項：
> 　一　エネルギーの種類別の使用量及び販売した副生エネルギーの量並びにそれらの合計量（法第50条第4項（法第51条第4項にて準用する場合を含む。）の認定に係る連携省エネルギー措置に係る部分に限る。）
> 　二　生産数量（これに相当する金額を含む。）又は建物延床面積その他のエネルギーの使用量と密接な関係をもつ量（法第50条第4項（法第51条第4項にて準用する場合を含む。）の認定に係る連携省エネルギー措置に係る部分に限る。）
> 　三　エネルギーの使用の効率

第54条　略

※本書では以下 法 第3章第2節より第5章を省略する。

[法] **第6章　機械器具等に係る措置**

第1節　機械器具に係る措置

第148条　エネルギー消費機器等製造事業者等の努力

　　エネルギー消費機器等（エネルギー消費機器（エネルギーを消費する機械器具をいう。以下同じ。）又は関係機器（エネルギー消費機器の部品として又は専らエネルギー消費機器とともに使用される機械器具であつて，当該エネルギー消費機器の使用に際し消費されるエネルギーの量に影響を及ぼすものをいう。以下同じ。）をいう。以下同じ。）の製造又は輸入の事業を行う者（以下「エネルギー消費機器等製造事業者等」という。）は，基本方針の定めるところに留意して，その製造又は輸入に係るエネルギー消費機器等につき，エネルギー消費性能（エネルギー消費機器の一定の条件での使用に際し消費されるエネルギーの量を基礎として評価される性能をいう。以下同じ。）又はエネルギー消費関係性能（関係機器に係るエネルギー消費機器のエネルギー消費性能に関する当該関係機器の性能をいう。以下同じ。）の向上を図ることにより，エネルギー消費機器等に係るエネルギーの使用の合理化に資するよう努めなければならない。

2　エネルギー消費機器の製造又は輸入の事業を行う者は，基本方針の定めるところに留意して，非化石エネルギーを使用する機械器具の製造又は輸入その他の措置を行うことにより，エネルギー消費機器に係る非化石エネルギーへの転換に資するよう努めなければならない。

3　電気を消費する機械器具（電気の需要の最適化に資するための機能を付加することが技術的及び経済的に可能なものに限る。以下この項において同じ。）の製造又は輸入の事業を行う者は，基本方針の定めるところに留意して，その製造又は輸入に係る電気を消費する機械器具につき，電気の需要の最適化に係る性能の向上を図ることにより，電気を消費する機械器具に係る電気の需要の最適化に資するよう努めなければならない。

第149条　エネルギー消費機器等製造事業者等の判断の基準となるべき事項

　　エネルギー消費機器等のうち，自動車（エネルギー消費性能の向上を図る

ことが特に必要なものとして政令で定めるものに限る。以下同じ。）その他我が国において大量に使用され，かつ，その使用に際し相当量のエネルギーを消費するエネルギー消費機器であつてそのエネルギー消費性能の向上を図ることが特に必要なものとして政令で定めるもの（以下「特定エネルギー消費機器」という。）及び我が国において大量に使用され，かつ，その使用に際し相当量のエネルギーを消費するエネルギー消費機器に係る関係機器であつてそのエネルギー消費関係性能の向上を図ることが特に必要なものとして政令で定めるもの（以下「特定関係機器」という。）については，経済産業大臣（自動車及びこれに係る特定関係機器にあつては，経済産業大臣及び国土交通大臣。以下この章及び第166条第10項において同じ。）は，特定エネルギー消費機器及び特定関係機器（以下「特定エネルギー消費機器等」という。）ごとに，そのエネルギー消費性能又はエネルギー消費関係性能（以下「エネルギー消費性能等」という。）の向上に関しエネルギー消費機器等製造事業者等の判断の基準となるべき事項を定め，これを公表するものとする。

> 令 第18条　法 第149条第1項の政令で定める特定エネルギー消費機器：
>
> 　一　乗用自動車（揮発油，軽油又は液化石油ガスを燃料とするもの及び電気を動力源とするもの（化石燃料又は非化石燃料を使用するものを除く。）に限り（以下略））
> 　二　エアコンディショナー
> 　三　照明器具（蛍光灯器具，LED電灯器具）
> 　四　テレビジョン受信機
> 　五　複写機
> 　六　電子計算機
> 　七　磁気ディスク装置
> 　八　貨物自動車
> 　九　ビデオテープレコーダー
> 　十　電気冷蔵庫
> 　十一　電気冷凍庫
> 　十二　ストーブ
> 　十三　ガス調理機器

十四　ガス温水機器

十五　石油温水機器

十六　電気便座

十七　自動販売機

十八　変圧器

十九　ジャー炊飯器

二十　電子レンジ

二十一　ディー・ブイ・ディー・レコーダー

二十二　ルーティング機器

二十三　スイッチング機器

二十四　複合機

二十五　プリンター

二十六　電気温水機器

二十七　交流電動機

二十八　電球（白熱電球，蛍光ランプ，LEDランプ，高圧水銀ランプ等）

二十九　ショーケース

2　前項に規定する判断の基準となるべき事項は，当該特定エネルギー消費機器等のうちエネルギー消費性能等が最も優れているもののそのエネルギー消費性能等，当該特定エネルギー消費機器等に関する技術開発の将来の見通しその他の事情を勘案して定めるものとし，これらの事情の変動に応じて必要な改定をするものとする。

第150条　〜第152条　略

第2節　熱損失防止建築材料に係る措置

第153条　熱損失防止建築材料製造事業者等の努力

建築物の外壁，窓等を通しての熱の損失の防止の用に供される建築材料（以下「熱損失防止建築材料」という。）の製造，加工又は輸入の事業を行う者（以下「熱損失防止建築材料製造事業者等」という。）は，基本方針の定めるところに留意して，その製造，加工又は輸入に係る熱損失防止建築材料につき，熱の損失の防止のための性能の向上を図ることにより，熱損失防止

建築材料に係るエネルギーの使用の合理化に資するよう努めなければならない。

第154条　熱損失防止建築材料製造事業者等の判断の基準となるべき事項

　　熱損失防止建築材料のうち，我が国において大量に使用され，かつ，建築物において熱の損失が相当程度発生する部分に主として用いられるものであつて前条に規定する性能の向上を図ることが特に必要なものとして政令で定めるもの（以下「特定熱損失防止建築材料」という。）については，経済産業大臣は，特定熱損失防止建築材料ごとに，当該性能の向上に関し熱損失防止建築材料製造事業者等の判断の基準となるべき事項を定め，これを公表するものとする。

2　前項に規定する判断の基準となるべき事項は，当該特定熱損失防止建築材料のうち前条に規定する性能が最も優れているものの当該性能，当該特定熱損失防止建築材料に関する技術開発の将来の見通しその他の事情を勘案して定めるものとし，これらの事情の変動に応じて必要な改定をするものとする。

第155条〜第157条　略

法 第7章　電気事業者に係る措置

第158条　開示

　　電気事業者（電気事業法（昭和39年法律第170号）第2条第1項第三号に規定する小売電気事業者，同項第九号に規定する一般送配電事業者及び同法第27条の19第1項に規定する登録特定送配電事業者をいう。以下この条において同じ。）は，その供給する電気を使用する者から，当該電気を使用する者に係る電気の使用の状況に関する情報として経済産業省令で定める情報であつて当該電気事業者が保有するもの（個人情報の保護に関する法律（平成15年法律第57号）第16条第4項に規定する保有個人データを除く。）の開示を求められたときは，当該電気を使用する者（当該電気を使用する者

が指定する者を含む。）に対し，経済産業省令で定める方法により，遅滞なく，当該情報を開示しなければならない。ただし，開示することにより，当該電気事業者の業務の適正な実施に著しい支障を及ぼすおそれがある場合として経済産業省令で定める場合は，その全部又は一部を開示しないことができる。

第159条　計画の作成及び公表

　電気事業者（電気事業法第2条第1項第三号に規定する小売電気事業者，同項第九号に規定する一般送配電事業者，同項第十一号の三に規定する配電事業者及び同項第十三号に規定する特定送配電事業者をいい，経済産業省令で定める要件に該当する者を除く。次項において同じ。）は，基本方針の定めるところに留意して，次に掲げる措置その他の電気を使用する者による電気の需要の最適化に資する取組の効果的かつ効率的な実施に資するための措置の実施に関する計画を作成しなければならない。

一　その供給する電気を使用する者による電気の需要の最適化に資する取組を促すための電気の料金その他の供給条件の整備

二　その供給する電気を使用する者の一定の時間ごとの電気の使用量の推移その他の電気の需要の最適化に資する取組を行う上で有効な情報であって経済産業省令で定めるものの取得及び当該電気を使用する者（当該電気を使用する者が指定する者を含む。）に対するその提供を可能とする機能を有する機器の整備

三　前号に掲げるもののほか，その供給する電気の需給の実績及び予測に関する情報を提供するための環境の整備

2　電気事業者は，前項の規定により計画を作成したときは，遅滞なく，これを公表しなければならない。これを変更したときも，同様とする。

[法] 第8章　雑則

第160条　財政上の措置等

　国は，エネルギーの使用の合理化及び非化石エネルギーへの転換等を促進

するために必要な財政上，金融上及び税制上の措置を講ずるよう努めなければならない。

第161条　科学技術の振興

国は，エネルギーの使用の合理化及び非化石エネルギーへの転換等の促進に資する科学技術の振興を図るため，研究開発の推進及びその成果の普及等必要な措置を講ずるよう努めなければならない。

第162条　国民の理解を深める等のための措置

国は，教育活動，広報活動等を通じて，エネルギーの使用の合理化及び非化石エネルギーへの転換等に関する国民の理解を深めるとともに，その実施に関する国民の協力を求めるよう努めなければならない。

第163条　この法律の施行に当たつての配慮

経済産業大臣は，この法律の施行に当たつては，我が国全体のエネルギーの使用の合理化及び非化石エネルギーへの転換等を図るために事業者が自主的に行う技術の提供，助言，事業の連携，エネルギー消費性能等が優れている機械器具の導入の支援等による他の者のエネルギーの使用の合理化及び非化石エネルギーへの転換等の促進に寄与する取組を促進するよう適切な配慮をするものとする。

第164条　地方公共団体の教育活動等における配慮

地方公共団体は，教育活動，広報活動等を行うに当たつては，できる限り，エネルギーの使用の合理化及び非化石エネルギーへの転換等に関する地域住民の理解の増進に資するように配慮するものとする。

第165条　一般消費者への情報の提供

一般消費者に対するエネルギーの供給の事業を行う者，エネルギー消費機器等及び熱損失防止建築材料の小売の事業を行う者その他その事業活動を通じて一般消費者が行うエネルギーの使用の合理化及び非化石エネルギーへの

転換につき協力を行うことができる事業者は，消費者のエネルギーの使用状況に関する通知，エネルギー消費性能等の表示，熱損失防止建築材料の熱の損失の防止のための性能の表示その他一般消費者が行うエネルギーの使用の合理化及び非化石エネルギーへの転換に資する情報を提供するよう努めなければならない。

2　建築物の販売又は賃貸の事業を行う者，電気を消費する機械器具の小売の事業を行う者その他その事業活動を通じて一般消費者が行う電気の需要の最適化に資する措置につき協力を行うことができる事業者は，建築物に設ける電気を消費する機械器具に係る電気の需要の最適化に資する電気の利用のために建築物に必要とされる性能の表示，電気を消費する機械器具（電気の需要の最適化に資するための機能を付加することが技術的及び経済的に可能なものに限る。）の電気の需要の最適化に係る機能の表示その他一般消費者が行う電気の需要の最適化に資する措置の実施に資する情報を提供するよう努めなければならない。

第166条　報告及び立入検査

経済産業大臣は，第7条第1項及び第5項，第10条第1項及び第3項，第13条第1項及び第3項，第19条第1項及び第4項，第22条第1項及び第3項，第25条第1項及び第3項，第34条第1項及び第3項，第37条第1項及び第3項，第43条第1項及び第3項並びに第46条第1項及び第3項の規定の施行に必要な限度において，政令で定めるところにより，工場等においてエネルギーを使用して事業を行う者に対し，その設置している工場等における業務の状況に関し報告させ，又はその職員に，工場等に立ち入り，エネルギーを消費する設備，帳簿，書類その他の物件を検査させることができる。

> 令 第23条　経済産業大臣は，法 第166条第1項の規定により工場等においてエネルギーを使用して事業を行う者に対して，その設置している工場等につき，次の事項に関し報告させることができる
> 一　当該事業に係る生産数量及び生産能力
> 二　エネルギーの使用量及び使用見込量

　　　三　エネルギーを消費する設備の状況

　　　四　定型的な約款による契約に基づき，特定の商標，商号その他の表示
　　　　を使用させ，商品の販売又は役務の提供に関する方法を指定し，かつ，
　　　　継続的に経営に関する指導を行う事業を行う者の当該約款の内容

　　2　経済産業大臣は，法 第166条第1項の規定により，その職員に，工場
　　　等に立ち入り，エネルギーを消費する設備及びその関連施設，使用する
　　　化石燃料及び非化石燃料並びに帳簿その他の関係書類を検査させること
　　　ができる。

2　経済産業大臣は，第8条第1項，第9条第1項，第11条第1項，第12条
　第1項，第14条第1項，第20条第1項，第21条第1項，第23条第1項，
　第24条第1項，第26条第1項，第32条第1項，第33条第1項，第35条
　第1項，第36条第1項，第38条第1項，第44条第1項，第45条第1項及
　び第47条第1項の規定の施行に必要な限度において，政令で定めるところ
　により，特定事業者，特定連鎖化事業者，認定管理統括事業者又は管理関係
　事業者に対し，その設置している工場等における業務の状況に関し報告さ
　せ，又はその職員に，工場等に立ち入り，エネルギーを消費する設備，帳
　簿，書類その他の物件を検査させることができる。

　　令 第24条　法 第166条第2項の規定により，特定事業者，特定連鎖化
　　事業者，認定管理統括事業者又は管理関係事業者に対し，その設置してい
　　る工場等につき，次の事項に関し報告させることができる

　　　一　エネルギー管理統括者又はエネルギー管理企画推進者の選任の状況
　　　二　エネルギー管理者又はエネルギー管理員の選任の状況
　　　三　エネルギーの使用量
　　　四　エネルギーを消費する設備の状況

3　主務大臣は，第3章第1節（第7条第1項及び第5項，第8条第1項，第
　9条第1項，第10条第1項及び第3項，第11条第1項，第12条第1項，
　第13条第1項及び第3項，第14条第1項，第19条第1項及び第4項，第
　20条第1項，第21条第1項，第22条第1項及び第3項，第23条第1項，
　第24条第1項，第25条第1項及び第3項，第26条第1項，第32条第1
　項，第33条第1項，第34条第1項及び第3項，第35条第1項，第36条第
　1項，第37条第1項及び第3項，第38条第1項，第43条第1項及び第3

項，第44条第1項，第45条第1項，第46条第1項及び第3項，第47条第1項並びに第54条を除く。）の規定の施行に必要な限度において，政令で定めるところにより，特定事業者，特定連鎖化事業者，認定管理統括事業者，管理関係事業者又は第50条第1項の認定を受けた者（特定事業者，特定連鎖化事業者，認定管理統括事業者及び管理関係事業者を除く。）に対し，その設置している工場等（特定連鎖化事業者にあつては，当該特定連鎖化事業者が行う連鎖化事業の加盟者が設置している当該連鎖化事業に係る工場等を含む。）における業務の状況に関し報告させ，又はその職員に，当該工場等に立ち入り，エネルギーを消費する設備，帳簿，書類その他の物件を検査させることができる。ただし，当該特定連鎖化事業者が行う連鎖化事業の加盟者が設置している当該連鎖化事業に係る工場等に立ち入る場合においては，あらかじめ，当該加盟者の承諾を得なければならない。

　令第25条　法第166条第3項の規定により，特定事業者等に対し，その設置している工場等につき，次の事項に関し報告させることができる
　　一　エネルギーの使用量その他エネルギーの使用の状況
　　二　エネルギーを消費する設備の状況
　　三　エネルギーの使用の合理化に関する設備の状況その他エネルギーの使用の合理化及び非化石エネルギーの転換に関する事項
4〜10略

11　前各項の規定により立入検査をする職員は，その身分を示す証明書を携帯し，関係人に提示しなければならない。
12　第1項から第10項までの規定による立入検査の権限は，犯罪捜査のために認められたものと解釈してはならない。

第167条〜171条　略

[法] **第 9 章　罰則**

第 172 条〜第 178 条　略

[法] **附則　略**

第1編の演習問題

［演習問題 1.1］

次の表は「エネルギーの使用の合理化及び非化石エネルギーへの転換等に関する法律」に定められた事業者の義務をまとめたものである。　　　　　の中に適切な字句を記入せよ。

(1) 事業者全体としての義務

年間エネルギー使用量 （原油換算kL）		1500kL／年以上	1500kL／年 未満
事業者の区分		特定事業者，　1　 又は認定管理統括事業者 （管理関係事業者を含む）	－
事業者の義務	選任すべき者	エネルギー管理統括者及び　2	－
	遵守すべき事項	3　に定めた措置の実践（管理標準の設定，省エネ措置の実施等） 電気の需要の最適化の指針に定めた 措置の実践（燃料転換，稼動時間の変更等） 工場等における非化石エネルギーへの転換に関する事業者の判断の 基準に定めた措置の実践（目標の設定，措置の実施等）	
事業者の目標		中長期的にみて年平均　4　以上のエネルギー消費原単位の低減 又は電気需要最適化評価原単位の低減 ベンチマーク指標の目指すべき水準の達成， 2030年度における使用電気全体に占める非化石電気の割合等	
行政によるチェック		指導・助言，報告徴収・　5　，合理化計画の作成指示	
提出すべき書類		定期報告書，　6　，エネルギー管理者等の選解任届 エネルギー使用状況届出書，	－

(2) 工場等ごとの義務

年間エネルギー使用量 （原油換算kL）		3000kL／年以上		1500〜3000kL／年	1500kL／年未満
指定区分		第一種　7		第二種　7	指定なし
事業者の区分		第一種　8		第二種　8	－
			第一種　9		
業種		製造業等5業種 （鉱業,製造業, 　10　, 　11　, 　12　）	・左記業種の 　事務所 ・左記以外の 　業種	全ての業種	全ての業種
事業者の義務	選任すべき者	13	14	14	－

［演習問題 1.2］

　次の文章は，「エネルギーの使用の合理化及び非化石エネルギーへの転換等に関する法律」の一部である。

　　　　　の中に入れるべき適切な字句を語群から選び，その記号を答えよ。

第1条

　　　この法律は，我が国で使用されるエネルギーの相当部分を化石燃料が占めていること，非化石エネルギーの利用の必要性が増大していることその他の内外におけるエネルギーをめぐる経済的社会的環境に応じたエネルギーの有効な利用の確保に資するため，工場等，輸送，建築物及び機器具等についての　1　及び　2　に関する所要の措置，電気の需要の　3　に関する所要の措置その他　1　及び　2　等を総合的に進めるために必要な措置等を講ずることとし，もつて国民経済の健全な発展に寄与することを目的とする。

（語　群）

　　ア　熱エネルギー　　　イ　効率化　　　ウ　電気　　　エ　石油
　　オ　省エネルギー　　　カ　天然ガス　　キ　最適化
　　ク　非化石エネルギーへの転換　　　ケ　平準化
　　コ　エネルギーの使用の合理化　　　サ　節電　　　シ　有効化

第2条

　　　この法律において「エネルギー」とは化石燃料及び非化石燃料並びに熱及び電気をいう。
　　2　（略）
　　3　この法律において「非化石エネルギー」とは前項の経済産業省令で定める用途に供する物であって　4　その他の化石燃料以外のものをいう。
　　4　（以下略）

（語　群）

　　ア　炭素　　イ　酸素　　ウ　水素　　エ　ケイ素

[演習問題 1.3]

　次の文章は，「エネルギーの使用の合理化及び非化石エネルギーへの転換等に関する法律」の一部である。

　　　　　　の中に入れるべき適切な字句を語群から選び，その記号を答えよ。

　なお，　1　は 3 箇所あるが，同じ記号が入る。

第 3 条

　　　経済産業大臣は，工場又は事務所その他の事業場（以下「工場等」という。），輸送，建築物，機械器具等に係るエネルギーの使用の合理化及び非化石エネルギーへの転換並びに電気の需要の最適化を総合的に進める見地から，エネルギーの使用の合理化及び非化石エネルギーへの転換等に関する　　1　　（以下「　1　」という。）を定め，これを公表しなければならない。

　2　　　1　は，エネルギーの使用の合理化及び非化石エネルギーへの転換のためにエネルギーを使用する者等が講ずべき措置に関する基本的な事項，電気の需要の最適化を図るために電気を使用する者等が講ずべき措置に関する基本的な事項，エネルギーの使用の合理化及び非化石エネルギーへの転換等の促進のための施策に関する基本的な事項その他エネルギーの使用の合理化及び非化石エネルギーへの転換等に関する事項について，　2　，電気その他のエネルギーの需給を取り巻く環境，エネルギーの使用の合理化及び非化石エネルギーへの転換に関する技術水準その他の事情を勘案して定めるものとする。

　3　（以下略）

（語　群）

　　ア　エネルギー需給の長期見通し　　イ　技術基準

　　ウ　基本方針　　　　　　　　　　　エ　経済成長の見込み

　　オ　国民のライフスタイル　　　　　カ　産業構造

　　キ　分野別指針　　　　　　　　　　ク　目標達成計画

[演習問題 1.4]

　次の文章は，「エネルギーの使用の合理化及び非化石エネルギーへの転換等に関する法律」の一部である。

　□□□□の中に入れるべき適切な字句を語群から選び，その記号を答えよ。

　『法』第5条第1項は次のように規定している。

　主務大臣は，工場等におけるエネルギーの使用の合理化の適切かつ有効な実施を図るため，次に掲げる事項並びにエネルギーの使用の合理化の □1□ 及び当該 □1□ を達成するために計画的に取り組むべき措置に関し，工場等においてエネルギーを使用して事業を行う者の判断の基準となるべき事項を定め，これを公表するものとする。（以下略）

　『法』第5条第4項は次のように規定している。

　第1項及び第2項に規定する判断の基準となるべき事項及び前項に規定する指針は，エネルギー需給の長期見通し，電気その他のエネルギーの需給を取り巻く環境，エネルギーの使用の合理化及び非化石エネルギーの転換に関する技術水準，□2□ エネルギーの使用の合理化及び非化石エネルギーへの状況その他の事情を勘案して定めるものとし，これらの事情の変動に応じて必要な改定をするものとする。

（語　群）

　　　ア　基準　　　　イ　方針　　　　ウ　目的　　　　エ　目標
　　　オ　エネルギー管理指定工場等の　　カ　業種別の　　キ　国際的な
　　　ク　優良な工場等における

[演習問題 1.5]

　次の文章は，「エネルギーの使用の合理化及び非化石エネルギーへの転換等に関する法律」の一部である。□□□□の中に入れるべき適切な字句を語群から選び，その記号を答えよ。

1）特定事業者として指定された事業者は，『法』第8条により，次の①及び②を統括管理するエネルギー管理統括者を選任しなければならない。

① 『法』第15条第1項の ___1___ の作成事務

② その設置している工場等におけるエネルギーの使用の合理化に関し，エネルギーを消費する設備の維持，エネルギーの使用の方法の改善及び監視その他経済産業省令で定める業務

　なお，『則』では，②の「その他経済産業省令で定める業務」の一つとし「特定事業者が設置している工場等におけるエネルギーを消費する設備の ___2___ に関すること」が規定されている。

（語　群）

　　ア　エネルギー方針　　　イ　経営計画　　　ウ　合理化計画
　　エ　中長期的な計画　　　オ　管理標準の整備　カ　更新予算の確保
　　キ　新設，改造又は撤去　ク　性能の向上

2）特定事業者は，エネルギー管理統括者の選任に加えて，『法』第9条により，エネルギー管理企画推進者を選任しなければならない。エネルギー管理企画推進者に関する次の①〜③の記述のうち，『法』，『則』の規定に従って正しいものを全て挙げると ___3___ である。

　　① エネルギー管理企画推進者は，エネルギー管理統括者を補佐する。

　　② エネルギー管理企画推進者の選任に当たっては，選任すべき事由が生じた日から6ヶ月以内に選任しなければならない。

　　③ エネルギー管理企画推進者は，エネルギー管理者又はエネルギー管理員の経験を有していなければならない。

（語　群）

　　ア　①　　　　　イ　②　　　　　ウ　③
　　エ　①と②　　　オ　①と③　　　カ　②と③

3）特定事業者は，『法』第9条第1項により，エネルギー管理企画推進者を次に掲げる者のうちから選任しなければならない。

　　① 経済産業大臣又は指定講習機関が経済産業省令で定めるところにより行うエネルギーの使用の合理化に関し必要な知識及び技能に関する講習の課程を修了した者

　　② エネルギー管理士免状の交付を受けている者

さらに，『法』第9条第2項では，『則』で定められた期間ごとに，当該エネルギー管理企画推進者に資質の向上を図るための講習を受けさせなければならない場合を規定しているが，その対象者となるのは ☐4☐ である。

(語　群)
　　ア　①から選任した場合のみ　　イ　②から選任した場合のみ
　　ウ　①あるいは②から選任した場合の両方

[演習問題 1.6]

　次の文章は，「エネルギーの使用の合理化及び非化石エネルギーへの転換等に関する法律」の一部である。☐☐☐☐ の中に入れるべき適切な字句を語群から選び，その記号を答えよ。

第15条第1項

　　特定事業者は，経済産業省令で定めるところにより，定期に，その設置している工場等について第5条第1項に規定する判断の基準となるべき事項において定められたエネルギーの使用の合理化の ☐1☐ に関し，その達成のための中長期的な計画を作成し，主務大臣に提出しなければならない。

(語　群)
　　ア　基準状況　　イ　目標　　ウ　改善命令　　エ　管理基準の策定

[演習問題 1.7]

　次の文章は，「エネルギーの使用の合理化及び非化石エネルギーへの転換等に関する法律」の一部である。☐☐☐☐ の中に入れるべき適切な字句を語群から選び，その記号を答えよ。

第16条

　　特定事業者は，毎年度，経済産業省令で定めるところにより，その設置している工場等におけるエネルギーの使用量その他エネルギーの使用の状況（エネルギーの使用の効率及びエネルギーの使用に伴つて発生する ☐1☐ に

係る事項を含む。）並びにエネルギーを消費する設備及びエネルギーの使用の合理化に関する設備の設置及び改廃の状況に関し，経済産業省令で定める事項を主務大臣に報告しなければならない。

（語　群）

　　ア　廃熱の回収　　　　　イ　廃棄物の発生量
　　ウ　二酸化炭素の排出量　エ　排水の排出量

［演習問題 1.8］

　次の文章は，「エネルギーの使用の合理化及び非化石エネルギーへの転換等に関する法律」の一部である。　□□□□　の中に入れるべき適切な字句を語群から選び，その記号を答えよ。

　『法』第17条第1項によれば，主務大臣は特定事業者が設置している工場等におけるエネルギーの使用の合理化の状況が第5条第1項に規定する　1　に照らして著しく不十分であると認めるときは，当該特定事業者に対し，当該特定事業者のエネルギーを使用して行う事業に係る技術水準，同条第3項に規定する指針に従って講じた措置の状況その他の事情を勘案し，その判断の根拠を示して，エネルギーの使用の合理化に関する計画（合理化計画という。）を作成し，これを提出すべき旨の指示をすることができる，と定めている。

　この合理化計画に関して『法』第17条第2項で，主務大臣は，合理化計画が当該特定事業者が設置している工場等に係るエネルギーの使用の合理化の適確な実施を図る上で適切でないと認めるときは，当該特定事業者に対し，合理化計画を変更すべき旨の指示をすることができる，と定めている。

　また，第3項では，主務大臣は，特定事業者が合理化計画を実施していないと認めるときは，当該特定事業者に対し，　2　すべき旨の指示をすることができる，と定めている。

　さらに，第4項では，前3項に規定する指示を受けた特定事業者がその指示に従わなかったときはその旨を公表することができる，としている。

（語　群）

　　ア　エネルギーの使用の合理化の基本方針　　イ　ベンチマーク目標

　　ウ　主務大臣による指導及び助言　　　　エ　判断の基準となるべき事項
　　オ　合理化計画の実施機関を設置　　　　カ　合理化計画を遅滞なく実施
　　キ　合理化計画を適切に実施　　　　　　ク　実施状況を継続的に報告

［演習問題 1.9］

　　次の文章は，「エネルギーの使用の合理化及び非化石エネルギーへの転換等に関する法律」の一部である。□□□□の中に入れるべき適切な字句を語群から選び，その記号を答えよ。

　　『法』第50条は，複数の事業者が連携して省エネルギーを推進するときに，連携することで実現できる省エネルギー効果を適正に評価するための認定制度に関するものである。

1）第1項では，連携する事業者が共同で連携省エネルギー計画を作成し経済産業大臣に提出し，その連携省エネルギー計画が適当である旨の認定を受けることができる，と規定されている。審査を経て認定を受けることができれば，『法』第52条の特例によって，□ 1 □において省エネルギー量を事業者間で分配して報告することができ，それぞれの事業者が公平に評価されることになる。

2）第2項は，認定を受けるために作成する連携省エネルギー計画に記載しなければならない事項として，次の一〜三号を掲げている。
　　一　連携省エネルギー措置の目標
　　二　連携省エネルギー措置の内容及び実施期間
　　三　連携省エネルギー措置を行う者が設置している工場等において当該連携省エネルギー措置に関してそれぞれ使用したこととされるエネルギーの量の□ 2 □。

（語　群）
　　ア　エネルギー使用届出書　　　イ　中長期的な計画　　　ウ　定期の報告
　　エ　連携省エネルギー計画　　　オ　算出の方法　　　　　カ　上限値
　　キ　平均値　　　　　　　　　　ク　予測の方法

[演習問題 1.10]

　次の文章は,「エネルギーの使用の合理化及び非化石エネルギーへの転換等に関する法律」の一部である。 ____ の中に入れるべき適切な字句を語群から選び,その記号を答えよ。

1)『法』第149条では, 経済産業大臣（自動車及びこれに係る特定関係機器にあっては, 経済産業大臣及び国土交通大臣）は, 特定エネルギー消費機器等ごとに, そのエネルギー消費性能又はエネルギー消費関係性能の向上に関しそのエネルギー消費機器等製造事業者等の判断の基準となるべき事項を定め, これを公表するものとする, としている。

　　また, この判断の基準となるべき事項は, 当該特定エネルギー消費機器等のうちエネルギー消費性能等が最も優れているもののそのエネルギー消費性能等, 当該特定エネルギー消費機器等に関する ___1___ の将来の見通しその他の事情を勘案して定めるものとし, これらの事情の変動に応じて必要な改定をするものとする, としている。

2)『法』第154条では, 熱損失防止建築材料のうち, 我が国において ___2___ , かつ, 建築物において熱の損失が相当程度発生する部分に主として用いられるものであって,『法』第153条に規定する性能の向上を図ることが特に必要なものとして『令』で定める特定熱損失防止建築材料については, 経済産業大臣は, 特定熱損失防止建築材料ごとに,『法』に規定する性能の向上に関し熱損失防止建築材料製造事業者等の判断の基準となるべき事項を定め, これを公表するものとする, としている。

3) 特定エネルギー消費機器等あるいは特定熱損失防止建築材料として『令』の対象となっているものを, 次の①〜④のうちから二つ挙げると ___3___ である。

　　① 照明器具
　　② 熱交換器
　　③ 複層ガラス
　　④ 太陽光発電パネル

（語　群）
　　ア　技術開発　　イ　競争力　　　　ウ　生産コスト　　　　エ　部品調達
　　オ　省エネルギー性能が低く　　　　カ　使用実績があり

キ　生産あるいは輸入実績があり　　　ク　大量に使用され
ケ　①と②　　　コ　①と③　　　サ　①と④　　　　シ　②と③
ス　②と④　　　セ　③と④

[演習問題 1.11]

　次の文章は，「エネルギーの使用の合理化及び非化石エネルギーへの転換等に関する法律」の一部である。　[＿＿＿＿]　の中に入れるべき適切な字句を語群から選び，その記号を答えよ。

　『法』第166条は報告及び立入検査についての規定であり，工場等に係る措置に関しては，第1項～第3項に規定されている。いずれも，各項の規定の施行に必要な限度において事業者が設置している工場等について，各項に規定されている報告及び立入検査をさせることができるとする規定である。
　これら第1項～第3項における規定内容から判断して，次の①～③のうち，下線部分が正しいのは　[　1　]　である。
　① 第1項は特定事業者等の指定等に関するものであり，報告及び立入検査の対象となるのは，<u>当該の指定を受けた事業者のみである</u>。
　② 第2項は特定事業者等が選任しなければならない者に関するものであり，特定事業者等に対して報告及び立入検査をさせることができるのは，<u>経済産業大臣</u>である。
　③ 第3項は工場等に係る措置のうち，第1項及び第2項以外の措置に関するものであり，その措置の実施において，特定連鎖化事業者や連鎖化事業の加盟者に対して立入検査を行うとき，<u>あらかじめ連鎖化事業の加盟者に承諾を得る必要はない</u>。

（語　群）
　　ア　①　　イ　②　　ウ　③

[演習問題 1.12]

　次の文章の　[A　abcde]　及び　[B　abcd]　に当てはまる数値を計算し，その結果を答えよ。ただし，解答は解答すべき数値の最小位の一つ下の位で四捨五入す

ること。また，□□□□の中に入れるべき適切な字句を語群から選び，その記号
を答えよ。

　ある事業者が金属加工工場と，別の事業所として専ら事務所として使用されて
いる本社事務所を有しており，これらがこの事業者の設置している施設の全てで
ある。ここで，金属加工工場における前年度の燃料，電気などの使用量は，次の
a 〜 e，本社事務所における前年度の電気などの使用量は，次の f 及び g のと
おりであり，この事業者はこれら以外のエネルギーは使用していなかった。なお，
この事業者は連鎖化事業者，認定管理統括事業者又は管理関係事業者のいずれに
も該当していない。

［金属加工工場の燃料，電気などの使用量］
　a：ボイラの燃料として都市ガスを使用した。その量を発熱量として換算した
　　　量が 11 万ギガジュールであった。また，そのボイラによる発生蒸気を利用
　　　した後の凝縮水の一部を回収してボイラ給水として使用した。その回収し
　　　て使用した熱量が 4 千ギガジュールであった。
　b：加熱炉の燃料として都市ガスを使用した。その量を発熱量として換算した
　　　量が 31 万ギガジュールであった。また，加熱炉の排熱を a のボイラの給
　　　水の昇温に利用した。その利用した排熱の熱量が 1 万ギガジュールであっ
　　　た。
　c：b の加熱炉は，前年度の途中に断熱を強化する改造工事を実施した。この
　　　改造工事によって，b の加熱炉の改造後の都市ガスの使用量は，改造前に
　　　対して 10 ％低減させることができていた。
　d：b の加熱炉によって加熱した金属の冷却のために，工場内の排水処理場を
　　　経て循環利用している冷却水を使用している。この冷却水で金属を冷却し
　　　た熱量は 3 万ギガジュールであった。
　e：電気事業者から購入して使用した電気の量を熱量として換算した量が 42 万
　　　ギガジュールで，電気の購入先の電気事業者では，化石燃料によって発電
　　　された電気を販売していた。

［本社事務所の電気などの使用量］
　f：電気事業者から購入して使用した電気の量を熱量として換算した量が 4 万 5
　　　千ギガジュールで，電気の購入先の電気事業者では，化石燃料によって発

　　　電された電気を販売していた。

　　g：給湯には，電気を使用して加熱ヒーターとヒートポンプを稼働している。
　　　これらを稼働させるための電気は f の電気の一部であり，ヒートポンプに
　　　よる空気中の熱の利用によって得られた熱量は2千ギガジュールであった。

1）前年度に使用した，『法』で定めるエネルギーの使用量を原油の数量に換算し
　た量は，金属加工工場では │A│ abcde │ キロリットル，本社事務所では
　│B│ abcd │ キロリットルである。この事業者のエネルギー使用量は，金属加
　工工場と本社事務所のエネルギー使用量の合計であり，その量から判断して，
　この事業者は特定事業者に該当する。
　　なお，『則』によれば，発熱量又は熱量1ギガジュールは原油 0.0258 キロリ
　ットルとして換算することとされている。

2）1）から求めた「前年度に使用した，『法』で定めるエネルギーの使用量」か
　ら判断して，この金属加工工場は，第一種エネルギー管理指定工場等に該当す
　る。また，本社事務所は，│　1　│。

（語　群）
　　ア　第一種エネルギー管理指定工場等に該当する
　　イ　第二種エネルギー管理指定工場等に該当する
　　ウ　金属加工工場と合わせて，第一種エネルギー管理指定工場等に該当する
　　エ　エネルギー管理指定工場等に該当しない

3）1）及び2）によって当該の指定を受けた後，この事業者が，事業者の単位
　で選任しなければならないのは，エネルギー管理統括者及びエネルギー管理企
　画推進者であり，工場等の単位で選任しなければならないのは，金属加工工場
　の│　2　│である。

（語　群）
　　ア　エネルギー管理者1名　　イ　エネルギー管理者2名
　　ウ　エネルギー管理者3名　　エ　エネルギー管理員

第1編の演習問題解答

[演習問題 1.1]

1 - 特定連鎖化事業者　　2 - エネルギー管理企画推進者

3 - 工場等におけるエネルギーの使用の合理化に関する事業者の判断の基準

4 - 1 %　　5 - 立入検査　　6 - 中長期計画書

7 - エネルギー管理指定工場等　　8 - 特定事業者

9 - 指定事業者　　10 - 電気供給業　　11 - ガス供給業

12 - 熱供給業　　13 - エネルギー管理者　　14 - エネルギー管理員

注) 10，11，12 は順不同

[演習問題 1.2]

1 - コ　　2 - ク　　3 - キ　　4 - ウ

[演習問題 1.3]

1 - ウ　　2 - ア

[演習問題 1.4]

1 - エ　　2 - カ

[演習問題 1.5]

1 - エ　　2 - キ　　3 - エ　　4 - ア

[演習問題 1.6]

1 - イ

[演習問題 1.7]

　　1 - ウ

[演習問題 1.8]

　　1 - エ　　2 - キ

[演習問題 1.9]

　　1 - ウ　　2 - オ

[演習問題 1.10]

　　1 - ア　　2 - ク　　3 - コ

[演習問題 1.11]

　　1 - イ

[演習問題 1.12]

　　　A - 21672　　B - 1161　　1 - エ　　2 - イ
（解説）
　　施行規則第4条より発熱量の原油換算は
　　発熱量 1GJ ⇒原油 0.0258 kL
である。
　　金属加工工場の原油換算エネルギー使用量は
　　110 000 + 310 000 + 420 000 = 840 000 GJ
　　840 000GJ は 840 000×0.0258 = 21 672 kL
　　b の排熱1万ギガジュールは，加熱炉で利用する都市ガスの発熱量31万ギ
ガジュールの一部である。d の排水処理場を経て循環利用している冷却水を

利用した冷却熱量3万ギガジュールは b の一部である。そのため，これらは
エネルギー使用量に含めない。

　本社事務所の原油換算エネルギー使用量は

　45 000×0.0258＝1 161 kL

　g のエネルギーは f の電気の一部であり，ヒートポンプにより空気中の熱
の利用によって得られた熱量2千ギガジュールは計算に含めない。

　本社事務所の前年度のエネルギー使用量は1 500kL 以下で，エネルギー管
理指定工場に該当しない。

　金属加工工場の前年度のエネルギー使用量は 20 000kL 以上 50 000kL 未満で
あり，エネルギー管理者2名の選任が必要である。

第2編 エネルギー情勢・政策，エネルギー概論

1章
エネルギー情勢・政策

1.1　日本のエネルギー情勢

1.1.1　エネルギー供給

　日本は，1970年代の2度にわたるオイルショックを契機に省エネルギーが進展した。その後，1990年代は家庭部門，業務他部門を中心にエネルギー消費は増大したが，2005年度をピークに減少傾向になり，2011年度からは東日本大震災以降の節電意識の高まりなどによってさらに減少が進んだ。エネルギーの供給面では石油の代替を進め依存度を低下させてきた結果，**図1.1**に示すように第一次オイルショック時（1973年度）の75.5%に対し，2020年度に

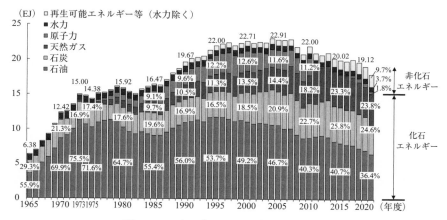

図1.1　一次エネルギー国内供給の推移

出典：資源エネルギー庁エネルギー白書2022［第211-3-1］

は 36.4% になっている。石油の代替として石炭，天然ガス，原子力の割合が増加し，エネルギー源の多様化が図られた。しかし，東日本大震災の影響による原子力発電の停止に伴い，化石燃料への依存度は約 85% の水準となっている。

今後は省エネルギーを一層進展させる一方，非化石エネルギーの導入を更に拡大する必要がある。

日本では，原油を中東地域に約 90% 依存し，LNG や石炭をアジア・オセアニア地域に大きく依存している（**図 1.2** 参照）。こうした地域に何か問題があると，日本はエネルギー確保の面で大きな影響を受ける。そこで，非常時に備えて，日本では約 230 日分の石油の備蓄をおこなっているほか，輸入先の地域を分散することで安定的な供給を目指している。

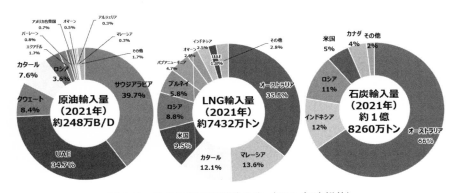

図 1.2 日本の化石燃料輸入先（2021 年速報値）

出典：資源エネルギー庁 2021-日本が抱えているエネルギー問題（前編）

我が国の電力供給を**図 1.3** に示す。1973 年の第一次石油危機を契機として，電源の多様化が図られてきた。2020 年度の電源構成は，石炭 31.0%（3102 億 kWh），LNG39.0%（3899 億 kWh），石油等 6.4%（636 億 kWh），水力 7.8%（784 億 kWh），新エネ等 12.0%（1199 億 kWh），原子力 3.9%（388 億 kWh）となった。2019 年度と比べて石炭と原子力のシェアが低減する一方で，LNG と新エネ等が増大した。

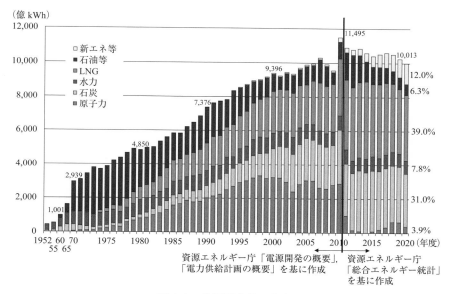

図 1.3　発電電力量の推移

出典：資源エネルギー庁エネルギー白書 2022［第 214-1-6］

（注）1971 年度までは沖縄電力を除く。発電電力量の推移は，「エネルギー白書 2016」まで，旧一般電気事業者を対象に資源エネルギー庁がまとめた「電源開発の概要」及び「電力供給計画の概要」を基に作成してきたが，2016 年度の電力小売全面自由化に伴い，自家発電を含む全ての発電を対象とする「総合エネルギー統計」の数値を用いることとした。

なお，「総合エネルギー統計」は，2010 年度以降のデータしか存在しないため，2009 年度以前分については，引き続き，「電源開発の概要」及び「電力供給計画の概要」を基に作成している。

1.1.2　日本のエネルギー自給率

　日常生活や社会活動を維持していくためには欠くことのできないエネルギーだが，日本はエネルギー自給率が低い国である。日本の自給率は 2019 年度で 12.1％であり，ほかの OECD 諸国（経済協力開発機構）と比べても低い水準である（**図 1.4** 及び **1.5** 参照）。東日本大震災前の 2010 年度には 20.2％だったが，原子力発電所の停止などによって大幅に低下した。近年は少しずつ上昇傾向にある。

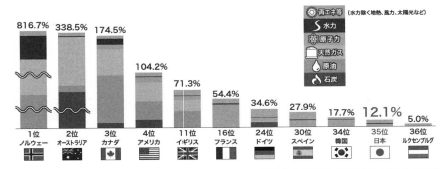

図1.4 主要国の一次エネルギー自給率比較（2019年）
出典：資源エネルギー庁 2021-日本が抱えているエネルギー問題（前編）

一次エネルギー：石油、天然ガス、石炭、原子力、太陽光、風力などのエネルギーのもともとの形態
エネルギー自給率：国民生活や経済活動に必要な一次エネルギーのうち、自国内で産出・確保できる比率

図1.5 日本のエネルギー自給率
出典：資源エネルギー庁 2021-日本が抱えているエネルギー問題（前編）

1.1.3 エネルギー消費

図1.6 は，日本のエネルギー消費の推移を以下の部門別に示したものである。

①企業・事業所他部門

  ① -1 産業部門：製造業，農林水産業，鉱業，建設業など

  ① -2 業務他部門：事務所ビルや商業施設，サービス業など

②家庭部門：自家用自動車等の運輸関係を除く家庭での消費

③運輸部門：自動車，鉄道，海運，航空など

　日本では，1970 年代のオイルショック以後，製造業を中心に省エネルギー
が進むとともに，省エネルギー型製品の開発も盛んになった。これにより，エ
ネルギー消費を抑制しながら経済成長を果たすことができた。1990 年代は，
家庭部門，業務他部門を中心にエネルギー消費は増大したが，2005 年度をピー
クに減少傾向になり，2011 年度からは東日本大震災以降の節電意識の高ま
りなどによってさらに減少が進んだ。

　2020 年度のエネルギー消費は，第一次オイルショック時（1973 年度）と比
較して全体として 1.1 倍に増加した。部門別に見ると，産業部門は製造業を中
心に省エネルギーが進んだことから 0.8 倍になった。業務他部門は 1.9 倍にな
り，その結果，企業・事業所他部門全体で 0.9 倍になった。一方，家庭部門は
1.9 倍，運輸部門は 1.5 倍と大きく増加した。利用機器や自動車などの普及が
進んだためである。

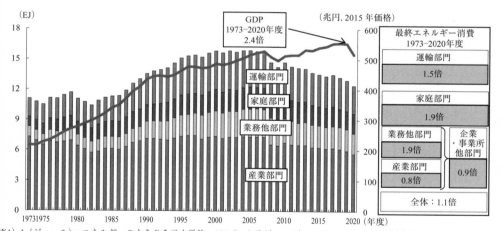

※1）J（ジュール）＝エネルギーの大きさを示す単位。1EJ（エクサジュール）＝ 10^{18}J ＝ 0.0258×10^9 原油換算 kL
※2）「総合エネルギー統計」は，1990 年度以降の数値について算出方法が変更されている
※3）産業部門は農林水産鉱建設業と製造業の合計
※4）1979 年度以前の GDP は日本エネルギー経済研究所推計

図 1.6　最終エネルギー消費と実質 GDP の推移

出典：資源エネルギー庁エネルギー白書 2022 ［第 211-1-1］

1.1.4 わが国のエネルギーフロー

エネルギー資源を利用するに当たって，そのままでは利用しにくいため種々の形に変換して用いられることが多い。変換前のエネルギー資源を一次エネルギーと呼び，変換後の電力，都市ガス，石油製品などを二次エネルギーという。図 1.7 は「わが国のエネルギーフロー図（2022 年度）」で，単位は熱量（10^{15} J（ペタジュール））で示されている。

石油，石炭，天然ガス，水力・地熱，原子力などの一次エネルギーの一部はそのまま消費されるが，大部分は転換（変換）部門に入り，電力，都市ガス，石油製品，コークスなどに変換され使用されており，わが国の一次エネルギー国内供給 17965×10^{15}J の 67 % が最終エネルギー消費に転換されている。

転換部門で大きな比重を占めているのは発電部門であり，電気事業者と自家発電併せて 8561×10^{15}J（一次エネルギー国内供給の 47.6 %）が発電所にインプットされている。新鋭火力発電所（汽力発電）の発電端熱効率は 50 % を超えているが，転換部門の自家消費や送電損失を差し引いた需要側の電力消費は 3226×10^{15}J であり，需要端までの変換効率は 37.7 % となっている。

電気のように使いやすく，質の良いエネルギーを得るために変換が行われているが，そのために多くのエネルギーが消費されており，この変換効率を高めることが大切である。

その方策として，発電所では蒸気条件やタービン効率の改善などの努力がなされているほか，ガスタービンと蒸気タービンを組み合わせたコンバインドサイクル（複合サイクル発電）の導入が進められている。最新鋭のコンバインドサイクルでは 50 % を超える効率（高発熱量基準）が達成されている。

一方，近年比較的小型で需要に近接して設置される分散型電源が普及しつつある。その代表的技術がコージェネレーションである。中低温熱需要の多い需要側において，内燃機関や燃料電池とその排熱回収利用設備を組み合わせ，動力・電力と熱を総合的に利用することにより高いエネルギー利用効率を得ることができる。小型で民生用に位置付けられるマイクロガスエンジンは 10 kW 程度の規模であり，パッケージ化されているため設置が容易であり，最近では家庭用を目指したコージェネレーションとして，1 kW 規模のマイクロガスエ

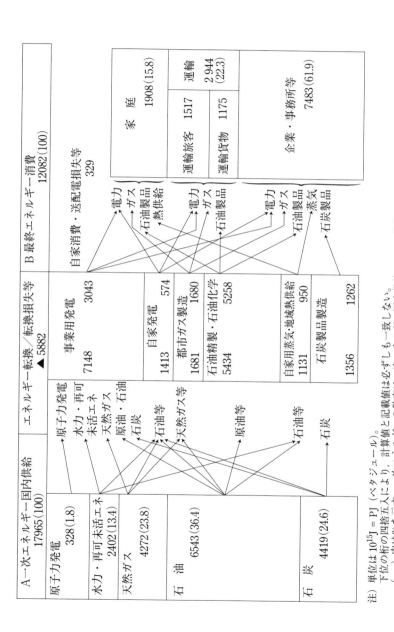

図 1.7　わが国のエネルギーバランス・フロー概要（2020 年度）

出典：資源エネルギー庁エネルギー白書 2022 より引用し一部改変

注）　単位は 10^{15} ＝ PJ（ペタジュール）。
　　　下位の桁の四捨五入により、計算値と記載値は必ずしも一致しない。
　　　（）内は％を示す。一次エネルギー国内供給ベースの数値。
　　　％は、四捨五入の関係で、合計値が 100 にならない場合がある。
　　　再可未活エネ：再生可能・未活用エネルギー

ンジンが利用されており，また，1kW未満の燃料電池が世界に先駆けて2009年に販売開始され，固体高分子形燃料電池及び固体酸化物形燃料電池の普及台数は拡大を続けている。

全体としてのエネルギー利用効率を高めるためには，コンバインドサイクルなどの集中型電源と分散型電源の両方を適切に利用することが求められる。

[例題 2.1]

我が国の発電設備別の発電電力量の割合は，2011年の東日本大震災における原子力発電所事故の影響を強く受けて，この10年間で大きく変化している。2010年度には，火力と原子力の占める割合は □ 1 □ であり，水力を除く再生可能エネルギーは2%以下であったが，震災後は原子力が激減するとともに，大気中の二酸化炭素濃度の増加を抑制する観点から，再生可能エネルギーの導入が促進された。その結果，2020年版のエネルギー白書に示されている2020年度の実績では，水力を除く再生可能エネルギーの割合は約 □ 2 □ [%]まで増加している。また，2020年度における火力の発電電力量を化石燃料別に比べると，多いものから順に □ 3 □ となっている。

（語 群）
　　ア 6　　　　イ 9　　　　ウ 12　　　エ 石炭，石油，天然ガス
　　オ 石油，天然ガス，石炭　　　　　　　カ 天然ガス，石炭，石油
　　キ 火力が約36%，原子力が約54%
　　ク 火力が約46%，原子力が約44%
　　ケ 火力が約64%，原子力が約26%

【解 答】

　1－ケ　　2－ウ　　3－カ

1.2　地球温暖化

1.2.1　地球温暖化のメカニズム

「地球温暖化」とは，人間活動の拡大により二酸化炭素，メタン，一酸化二窒素などの温室効果ガスの大気中の濃度が増加し，地表面の温度が上昇することをいう。

地球温暖化は，次のようなメカニズムで起こるとされている（**図1.8**参照）。

---

① 太陽エネルギーは大気と地表面に吸収されて熱に変わる。

② 地表面から赤外線として宇宙放射されるが，温室効果ガスが赤外線の一部を吸収し，地表面へ再放射される。

③ ①と②がバランスして地表を適度な温度に保っているが，大気中の温室効果ガスの増加により今まで以上に赤外線が温室効果ガスに吸収され，地表の温度が上昇する。

「温室効果ガス」※の種類には，二酸化炭素［CO_2］，メタン［CH_4］，一酸化二窒素［N_2O］，ハイドロフルオロカーボン類［HFCs］，パーフルオロカーボン類［PFCs］，六フッ化硫黄［SF_6］，三フッ化窒素［NF_3］がある（**表1.1**参照）。

　※ UNFCCCインベントリ報告ガイドラインに基づく報告義務のある温室効果ガス

地球温暖化係数（GWP:Global Warming Potential）とは，二酸化炭素を基準にして，ほかの温室効果ガスがどれだけ温暖化する能力があるか表した数字のことである。すなわち，単位質量（例えば1kg）の温室効果ガスが大気中に放出されたときに，一定時間内（例えば100年）に地球に与える放射エネルギーの積算値（すなわち温暖化への影響）を，CO_2に対する比率として見積もったものである。

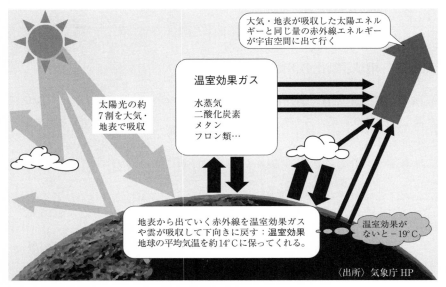

図 1.8 温室効果の模式図

表 1.1 温室効果ガスの種類と地球温暖化係数

温室効果ガス		地球温暖化係数
二酸化炭素	CO_2	1
メタン	CH_4	28
一酸化二窒素	N_2O	265
六フッ化硫黄	SF_6	23,500
三フッ化窒素	NF_3	16,100
ハイドロフルオロカーボン類	HFC_S	12,400 等
パーフルオロカーボン類	PFC_S	6,630 等

なお，太陽から地球に到達する太陽の放射エネルギーを定義する量として太陽定数がある。大気圏外の地球軌道上で単位面積が受ける太陽放射エネルギーのことで 1.365kW/m^2 である。

1.2.2　我が国の温室効果ガスの排出量

　図 **1.9** に示す通り，我が国の 2019 年度の温室効果ガス排出量は 12 億 1,300 万トン（CO_2 換算）であり，その 9 割以上を CO_2 が占めている（2019 年度速報値）。また，約 85 ％ がエネルギー起源 CO_2 である。そのため省エネルギーと再生可能エネルギーの利用が重要である。

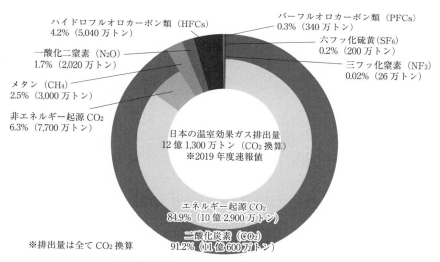

ハイドロフルオロカーボン類（HFCs）
4.2%（5,040 万トン）

パーフルオロカーボン類（PFCs）
0.3%（340 万トン）

一酸化二窒素（N_2O）
1.7%（2,020 万トン）

六フッ化硫黄（SF_6）
0.2%（200 万トン）

三フッ化窒素（NF_3）
0.02%（26 万トン）

メタン（CH_4）
2.5%（3,000 万トン）

非エネルギー起源 CO_2
6.3%（7,700 万トン）

日本の温室効果ガス排出量
12 億 1,300 万トン（CO_2 換算）
※2019 年度速報値

エネルギー起源 CO_2
84.9%（10 億 2,900 万トン）

二酸化炭素（CO_2）
91.2%（11 億 600 万トン）

※排出量は全て CO_2 換算

〈出所〉中央環境審議会地球環境部会中長期の気候変動対策検討小委員会資料

図 1.9　日本の温室効果ガス排出量の内訳

［例題　2.2］

　地球に到達する太陽からの放射エネルギーは，大気圏の外側で太陽光線に垂直な単位面積当たり単位時間当たりに約 ☐ 1 ☐ ［kW/m^2］である。この太陽からの放射エネルギーと大気と地表面の作用で生じる温室効果において，主に関与する気体は二酸化炭素と水蒸気である。これらの気体は熱ふく射のうちの ☐ 2 ☐ の波長域に比較的強い吸収帯を有しており，それが温室効果の原因となる。二酸化炭素と水蒸気が温室効果（温度上昇）

に及ぼしている影響の大きさを比べると，$\boxed{\ \cdot 3\ }$。

（語　群）

ア　0.14	イ　1.4	ウ　14
エ　0.1μm 以下	オ　0.1〜1μm	カ　1μm 以上

キ　水蒸気の方が二酸化炭素より大きい

ク　二酸化炭素の方が水蒸気より大きい

ケ　両者はほぼ同等である

【解　答】

　1－イ　　2－カ　　3－キ

【解　説】

　太陽定数は 1.365kW/m^2 であり，1 はイになる。地表から出ていく熱ふく射は具体的には赤外線であり，それを二酸化炭素と水蒸気が吸収する。2 は赤外線の波長域であり，カになる。また，温室効果に及ぼす影響は水蒸気の方が二酸化炭素より大きい。水蒸気は海洋と大気の温度に依存し，大気中の二酸化炭素が増加して気温が増加すると，大気中の水蒸気も増加し温暖化を増幅する。

1.3　パリ協定

　2015 年に，パリで開かれた温室効果ガス削減に関する国際的取り決めを話し合う「国連気候変動枠組条約締約国会議（通称 COP）」で合意されたパリ協定は，2016 年 11 月 4 日に発効した。日本も批准してパリ協定の締結国となった。パリ協定では，次のような世界共通の長期目標を掲げている。

　○世界の平均気温上昇を産業革命以前に比べて 2℃ より十分低く保ち，1.5℃ に抑える努力をする。

　○そのため，できるかぎり早く世界の温室効果ガス排出量をピークアウトし，21 世紀後半には，温室効果ガス排出量と（森林などによる）吸収量のバランスをとる。

　これに加えて，国連気候変動に関する政府間パネル（IPCC）の「IPCC1.5℃特別報告書」によると，産業革命以降の温度上昇を1.5℃以内におさえるという努力目標（1.5℃努力目標）を達成するためには，2050年近辺までにカーボンニュートラルが必要という報告がされている。

目標	●平均気温上昇を産業革命以前に比べ 「2℃より十分低く保つ」（2℃目標） 「1.5℃に抑える努力を追求」（努力目標） ●このため，「早期に温室効果ガスをピークアウト」＋「今世紀後半のカーボンニュートラルの実現」

日本政府の方針は

●カーボンニュートラル

　2020年10月26日，第203回臨時国会の所信表明演説において，前 菅義偉内閣総理大臣は「2050年までに，<u>温室効果ガスの排出を全体としてゼロにする</u>，すなわち<u>2050年カーボンニュートラル，脱炭素社会の実現を目指す</u>」ことを宣言。

● 2030年度に温室効果ガスを2013年度から46％削減

　2021年4月22日，前 菅総理大臣は地球温暖化対策推進本部の会合で，2030年に向けた温室効果ガスの削減目標について，<u>2013年度に比べて46％削減</u>することを目指し，さらに50％の高みに向けて，挑戦を続けると表明，

▽再生可能エネルギーなど脱炭素電源の最大限の活用

▽投資を促すための刺激策

▽地域の脱炭素化への支援

▽「グリーン国際金融センター」創設

▽アジア諸国をはじめとする世界の脱炭素移行への支援

など，あらゆる分野で，できるかぎりの取り組みを進め，<u>経済と社会に変革をもたらしていく</u>考えを示し，各閣僚に検討を加速するよう指示。

1.4 カーボンニュートラル

1.4.1 取組の方向性

「排出を全体としてゼロ」というのは，二酸化炭素をはじめとする温室効果
ガスの「排出量」※から，植林，森林管理などによる「吸収量」※を差し引い
て，合計を実質的にゼロにすることを意味している。※人為的なもの

　カーボンニュートラルに向けて**図 1.10** のように省エネ，非化石エネルギー
の導入拡大，残存する CO_2 の回収，貯留で対応することになる。

　① 省エネルギーの強化

　設備機器の運用方法の改善や高効率機器の更新などで，無駄やロスを排除し
てエネルギー使用量を削減し，CO_2 を削減する方法である。一般的な省エネ
ルギーがこれに相当する。

　② 非化石エネルギーの導入拡大

　これは太陽光エネルギー等の非化石電力の拡大，水素，メタネーション，バ
イオマスエネルギーの活用が対応する。

　③ 非化石エネルギーの導入拡大に伴いデマンドリスポンス等の電気の需要
　　の最適化

　非化石エネルギーを導入した場合，太陽光発電は夜間発電しない。また天候
により発電量が変化する。風力発電でも発電は風量に依存するので，発電量は
変動する。そのためその時の発電量に応じて，需要側で使用電力量を調整する
必要がある。

　④ CO_2 の回収，貯留

　①，②の対策を実施しても削減しきれない CO_2 を回収し，地下深くに貯留
したり，植林を進めて光合成に使われる大気中の CO_2 の吸収量を増やしたり
することによって大気中の CO_2 を減少させる。CO_2 を貯留する CCS（Carbon
dioxide Capture and Storage：二酸化炭素回収・貯留技術）のほか，CCUS が
ある。CCUS は「Carbon dioxide Capture, Utilization and Storage」の略で，
CO_2 を回収したのち，利用・貯留しようというものである。DACCS（Direct
Air Capture with Carbon Storage：大気中にすでに存在する CO_2 を直接回収し

て貯留する技術）もある。

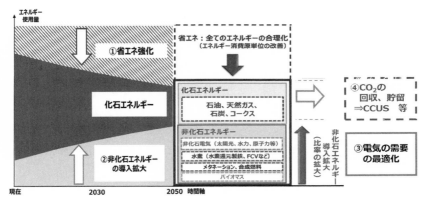

図 1.10　カーボンニュートラルに向けたイメージと取組の方向性

出典：資源エネルギー庁 2050 年カーボンニュートラルの実現に向けた需要側の取組 2021 年 5 月 21 日より引用し一部改変

1.4.2　2030 年度のエネルギー需給

　第六次エネルギー基本計画（令和 3 年 10 月）の内容に沿って説明する。日本のエネルギー政策は「S + 3E」と呼ばれる考え方を基本としている。安全性（Safety）を大前提とし，安定供給（Energy Security），経済効率性（Economic Efficiency），環境適合（Environment）を同時に達成する取り組みである。日本はエネルギーの自給率が低く，また，すべての面において優れたエネルギーは存在しない。エネルギー源ごとの強みが最大限に発揮され，弱みが補完されるように，多層的なエネルギーの供給構造を実現することが不可欠である。

　この「S + 3E」の考え方を大前提に，2030 年度における日本のエネルギー需給の見通しが策定されている。徹底した省エネルギーや非化石エネルギーへの拡大を進め，安定的で安価なエネルギー供給の確保を大前提に，CO_2 排出量を減らしていくことが重要である。

　2030 年度におけるエネルギー需給の見通しが実現した場合の 3E を**図 1.11**

に示す。

図 1.11 S+3E と 2030 年のエネルギー需給のポイント

出典：資源エネルギー庁 HP エネルギー政策の基本方針

　一次エネルギー供給は，4 億 3000 万 kL 程度を見込み，その内訳は，石油等を 31％程度，再生可能エネルギーを 22 ～ 23％程度，石炭を 19％程度，天然ガスを 18％程度，原子力を 9 ～ 10％程度，水素・アンモニアを 1％程度となる（**図 1.12** 参照）。

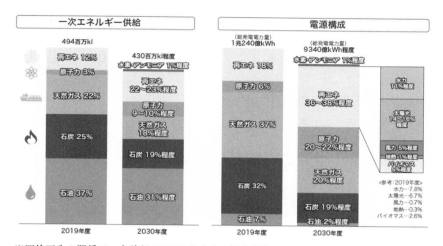

※四捨五入の関係で，合計が100％にならない場合がある。

※再エネ等（水力除く地熱，風力，太陽光など）は未活用エネルギーを含む。

図 1.12　一次エネルギー供給／電源構成

出典：資源エネルギー庁 2021-日本が抱えているエネルギー問題（前編）

2章
エネルギー概論

2.1　エネルギーの概念及び種類

2.1.1　エネルギーの概念

　エネルギー（energy）の語源はギリシャ語の *energon*（*en* = in + *ergon* = work）であるという。つまり「仕事をしている」という意味であろう。

　エネルギーという言葉に明確な定義を与えることはむずかしいが，上のギリシャ語の語源に沿って「仕事をする能力」と理解するのが一応妥当なところのように思われる。

　エネルギーの概念が確立する過程で重要なことは，「エネルギー保存則」が物理・化学現象に普遍的に成立する法則として受け入れられるようになったことであろう。この保存則は，「質量（物質）保存則」と並んで物理・化学の根幹をなす法則である。後述のように，エネルギーは力学エネルギー・電磁気エネルギー・光エネルギー・熱エネルギー・化学エネルギーなど種々の形態をとり，これらのエネルギー相互間の変換が可能であるが，その際のエネルギー量が不変であることをこの法則は表現している。ただし，核エネルギーのみは例外であり，この場合には「質量とエネルギーの和」が保存される。

2.1.2　エネルギーの単位と記号

　従来の計量単位には，メートル法やヤード・ポンド法などによるものがあり，計量単位は，世界各国でまちまちであった。その後国際交流が進むにつれて，国際的に統一された計量単位を使用する必要が生じ，1960年国際度量衡総会

で国際単位系（SI）が定められた。

　わが国でも 1992 年に計量法が改正され，計量単位は原則として SI 単位を用いることとなった。主な量記号，単位記号，単位の名称などを**表 2.1 ～表 2.4**に示す。

表 2.1　量記号の例

量	量記号	量	量記号
長さ	*l, L*	時間	*t*
半径	*r*	速さ	*u, v, ω, c*
直径	*d, D*	回転速度	*n*
高さ	*h*	力	*F*
面積	*A(S)*	電流	*I*
体積	*V*	抵抗	*R*
質量	*m*	電圧	*U(V)*

　注）かっこ内の記号は予備の記号である。
　　　（JIS Z 8202 : 2000による）

表 2.2　SI 基本単位

量	単位の名称	単位記号
長さ	メートル	m
質量	キログラム	kg
時間	秒	s
電流	アンペア	A
熱力学温度	ケルビン	K
物質量	モル	mol
光度	カンデラ	cd

表 2.3　組立単位の例

量	単位の名称	単位記号
面積	平方メートル	m^2
体積	立方メートル	m^3
速さ	メートル毎秒	m/s
加速度	メートル毎秒毎秒	m/s^2
密度	キログラム毎立方メートル	kg/m^3

2.1.3　エネルギーの形態

　エネルギーには種々の形態がある。その代表的なものは①力学エネルギー，②電磁気エネルギー，③光エネルギー，④化学エネルギー，⑤熱エネルギー，⑥核エネルギーである。それぞれについて，次に簡単に説明する。
① 　力学エネルギー
　機械エネルギーと呼ばれることもある。速度 *v* で運動している質量 *m* の物

表2.4 固有の名称を持つSI組立単位の例

組 立 量	SI組立単位		
	固有の名称	記号	SI基本単位及びSI組立単位による表し方
平面角	ラジアン	rad	$1\ \text{rad} = 1\ \text{m/m} = 1$
立体角	ステラジアン	sr	$1\ \text{sr} = 1\ \text{m}^2/\text{m}^2 = 1$
周波数	ヘルツ	Hz	$1\ \text{Hz} = 1\ \text{s}^{-1}$
力	ニュートン	N	$1\ \text{N} = 1\ \text{kg} \cdot \text{m/s}^2$
圧力, 応力	パスカル	Pa	$1\ \text{Pa} = 1\ \text{N/m}^2$
エネルギー, 仕事, 熱量	ジュール	J	$1\ \text{J} = 1\ \text{N.m}$
電力, 動力	ワット	W	$1\ \text{W} = 1\ \text{J/s}$
電荷, 電気量	クーロン	C	$1\ \text{C} = 1\ \text{A.s}$
電位, 電位差, 電圧, 起電力	ボルト	V	$1\ \text{V} = 1\ \text{W/A}$
静電容量	ファラド	F	$1\ \text{F} = 1\ \text{C/V}$
電気抵抗	オーム	Ω	$1\ \Omega = 1\ \text{V/A}$
インダクタンス	ヘンリー	H	$1\ \text{H} = 1\ \text{Wb/A}$
セルシウス温度	セルシウス度[注)	℃	$1℃ = 1\ \text{K}$
光束	ルーメン	lm	$1\ \text{lm} = 1\ \text{cd} \cdot \text{sr}$
照度	ルクス	lx	$1\ \text{lx} = 1\ \text{lm/m}^2$

注）セルシウス度で表される温度の数値は, ケルビンで表される温度の数値から273.15を減じたものである。

体がもつ運動エネルギー $\frac{1}{2}\,m \cdot v^2$, 重力の加速度が g の場所で, 地上からの高さが h の位置に置かれた質量 m の物体がもつ位置エネルギー（あるいはポテンシャル・エネルギー）mgh は, 力学エネルギーの主要なものである。

② 電磁気エネルギー

電荷によって作り出される電界や, 磁荷が作り出す磁界に起因するエネルギーをここでは総称して電磁気エネルギーという。電界の強さを E, 媒質の誘電率を ε とするとき, 電界が単位体積当たり保有するエネルギーは $\frac{1}{2}\,\varepsilon \cdot E^2$ である。同様に磁界の強さを H, 媒質の透磁率を μ とすると, この磁界が保有するエネルギーは $\frac{1}{2}\,\mu \cdot H^2$ である。

③　光エネルギー

　光は電磁波の一種である。日常生活では，可視光線（人間の目に光として感じられる電磁波で，波長が 360 ～ 400 nm 以上，760 ～ 830 nm 以下のものをいう）のみに限定して光ということが多いが，より一般的には紫外線（波長が 1 nm から可視光線の短波長端 360 ～ 400 nm くらいまでの電磁波）と赤外線を併せ，波長が 1 nm ～ 1 mm の範囲にある電磁波を光と呼んでいる。

④　化学エネルギー

　物質を構成する原子や分子の結合のエネルギーの総和を化学エネルギーという。化学反応によって物質の構成が変化すると，結合のエネルギーが放出されたり吸収されたりする。前者を発熱反応，後者を吸熱反応という。発熱反応の最も代表的なものは燃焼反応であり，燃料（石炭・石油・天然ガスなど）が酸素と反応して別の物質（二酸化炭素や水蒸気など）に変化する過程で大量に熱を発生させる。これは，燃料がもっていた化学エネルギーの一部が熱エネルギーに変換されたことによるものである。

⑤　熱エネルギー

　温度の異なる二つの物体を接触させると，高温の物体から低温の物体へとエネルギーが移動する。この移動中のエネルギーを「熱」という。このようにして物体に与えられた熱は，その物体の内部エネルギーを増加させる。微視的には，物質を構成する原子や分子がもつ力学エネルギーの総和が内部エネルギーであると考えることができる。物体の内部エネルギーの増加と熱移動とは密接に関連するから，熱と内部エネルギーは混同されやすい。しかし，内部エネルギーの増加は熱の移動によるばかりでなく，物質の流入や外部から与えられる仕事によっても生じることを銘記しておくことは重要である。

⑥　核エネルギー

　アインシュタインによって，質量とエネルギーの間に次のような等価関係があることが明らかにされた。

$$E = mc^2 \tag{2.1}$$

　この等式で E はエネルギー，m は物質の質量，c は真空中の光速（2.997 924 58 × 10^8 m/s）である。

　原子核を例にとれば，原子核を構成する核子（陽子及び中性子）の質量の総和と原子核の質量とは等しくない。前者から後者を差し引いた値を質量欠損といい，その値を上の公式によってエネルギーに換算したものは，原子核の結合エネルギーに等しいことがわかっている。

　現在実用されている発電用原子炉では，すべてウランのように原子番号の大きな物質の原子が，中性子を吸収して核分裂する際に生じる質量の消滅によってエネルギーが作り出されている。

　これに対して，質量数の小さい原子の原子核同士を融合させたときに生じる質量欠損を利用するエネルギー変換法が核融合である。

[例題　2.3]

　次の文章の　1　の中に入れるべき最も適切な字句を語群から選び答えよ。また，$\boxed{A\,|\,\text{a.b}\times10^c}$ に当てはまる数値を計算し，その結果を答えよ。

　国際単位系（SI）では，長さ（メートル〔m〕），質量（キログラム〔kg〕），時間（秒〔s〕），電流（アンペア〔A〕），熱力学温度（ケルビン〔K〕），光度（カンデラ〔cd〕）及び　1　の7個の量を基本単位としている。力やエネルギーなどの単位は，前述の7個の基本単位を組み合わせて表され，組立単位と呼ばれる。たとえば，力（ニュートン〔N〕）は，基本単位を用いると kg・m/s^2 で表すことができる。さらに，圧力（パスカル〔Pa〕）は単位面積当たりの力であるので，N/m^2 で表され，これを用いると，大気圧は，変動するものの平均的にはおよそ $\boxed{A\,|\,\text{a.b}\times10^c}$〔Pa〕である。

（語　群）
　　ア　磁束（ウェーバ〔Wb〕）　イ　電荷（クーロン〔C〕）
　　ウ　物質量（モル〔mol〕）

【解　答】
　　　1－ウ　　A－1.0 × 10^5

【解　説】

A　1気圧は，1013.25hPa であり，

$$1013.25\text{hPa} = 1013.25 \times 10^2\text{Pa} = 1.01325 \times 10^5\text{Pa} \quad \rightarrow \quad 1.0 \times 10^5\text{Pa}$$

2.2　エネルギーの変換

表 2.5 に，各種のエネルギー形態間の変換にどのようなものがあるかを例示した。左端の列には変換前のエネルギー形態 6 種が並べてあり，上端の行には変換後のエネルギー形態が示してある。これらが交差する欄に変換にかかわる物理・化学的原理あるいはそれを応用した機器・装置が記入されている。

火力発電所を例にとると，燃料の化学エネルギーが燃焼により熱エネルギー

表 2.5　エネルギー形態相互間の変換現象

変換後／変換前	力学エネルギー	電磁気エネルギー	光エネルギー	化学エネルギー	熱エネルギー	核エネルギー
力学エネルギー	機械	発電機（ファラデーの法則）圧電現象界面動電現象	ある物質をすりつぶしたときに発光する現象	物理的同位体分離メカノケミカル逆効果	摩擦（粘性）衝突	
電磁気エネルギー	電動機圧電現象(逆圧電)圧磁現象磁歪現象静電力による運動（粒子，流体）界面動電現象	電磁誘導直流・交流変換	ランプ（電気→熱→光）エレクトロルミネッセンス赤外線，アーク，メーザ，レーザ，放電発光	電気化学反応電気分解電気浸透	ジュール熱熱電逆効果	
光エネルギー	レーザ光線の持つモーメンタムを使う（放射圧力）	光電効果（太陽電池）光磁効果，光子-電池効果	単色光→分散光蛍光，りん光	光化学反応植物同化作用（光合成）	光吸収放射熱	
化学エネルギー	浸透圧メカノケミカル反応	電極電位効果燃料電池効果	発光反応	化学反応	発熱，吸収反応（化合,解離）	
熱エネルギー	熱機関物体の状態変化（蒸発・凝結）	MHD発電（直接発電）熱起電力（Seebeck効果）ネルンスト効果熱電子発電熱磁気効果	熱放射	熱解離	ヒートポンプ熱伝導熱伝達	
核エネルギー	核分裂(粒子的)核融合	荷電粒子放射	発光	同位元素転換放射線化学反応	核分裂（発熱）核融合	増殖

になり，熱エネルギーはタービンという熱機関により力学エネルギーに変換され，力学エネルギーは発電機で電磁気エネルギーに変換される。このように，エネルギー利用の各段階で各種の変換が行われ，最終的には熱エネルギーの形で拡散される。

[例題 2.4]

> 次の文章の ☐☐☐☐ の中に入れるべき適切な字句を語群から選び，その記号を答えよ。
>
> エネルギーには種々の形態があり，そのエネルギーの変換を通じてエネルギーを利用する様々な機器が開発されている。
> 例えば，変換前のエネルギー形態が化学エネルギーで，変換後のエネルギー形態を電磁気エネルギーとする機器には ☐1☐ があり，さらに，変換前のエネルギー形態が熱エネルギーで，変換後のエネルギー形態を力学エネルギーとする機器には，☐2☐ がある。
>
> （語　群）
> 　　ア　ボイラ　　　　　イ　吸収式ヒートポンプ
> 　　ウ　蒸気タービン　　エ　太陽電池
> 　　オ　燃料電池　　　　カ　発電機

【解　答】
　　1－オ　　　　2－ウ

2.3　エネルギー資源

2.3.1　エネルギー資源の分類

現在，人類が使用しているエネルギー資源の種類には，数千万年から数億年

の時間を経て動植物から形成され，主に燃料として燃焼させることにより使い終えていく化石エネルギーと，太陽エネルギーや風力エネルギーなどの自然エネルギー，生物を利用したバイオマスエネルギー（生物源エネルギー），及び原子力エネルギーから成る非化石エネルギーがある。**表2.6**にこの分類によるエネルギー資源の種類を示す。

化石エネルギーは数億年の間に生物を通じて蓄えられた太陽エネルギーであり，大量消費を続ければいずれは枯渇する性質のものである。

これに対して，非化石エネルギーである自然エネルギーやバイオマスエネルギーは現在の太陽エネルギー，地熱エネルギーなど天体間の相互作用に基づくものであり，再生可能エネルギー（renewable energy）ともいわれる。枯渇することはないが，密度が低く，時間，気象，地理に左右されるという利用上の難点がある。このうち最も大量に利用されているのは水力エネルギーであり，地熱エネルギー，太陽エネルギーがそれに次ぐ。太陽エネルギーは風力エネルギーと並んで今後の利用拡大が期待されており，経済性向上を目指して技術開発が進められている。

表2.6 エネルギー資源の種類

(1) 化石エネルギー資源	(2) 非化石エネルギー資源
（イ）石　　油	（イ）自然エネルギー
（ロ）石　　炭	（a）水　　力
（ハ）天然ガス	（b）地　　熱
（ニ）オイルサンド，オイルシェール	（c）太　　陽
	（d）風　　力
	（e）波力，潮流，潮位差（潮汐力）， 　　　　海洋温度差
	（ロ）バイオマス（生物源）
	（ハ）原子力

2.3.2　エネルギー資源量

表2.7に主な化石エネルギー資源の埋蔵量を示す。

確認可採埋蔵量は，存在が確認され，現在の経済条件，技術で回収可能な量

である。石油については中東地域に約 2/3 が偏って賦存している。究極可採埋蔵量は 2 兆バレル程度とされているが，残された未発見分の存在場所は深海や極地など採掘条件の劣るところが多くなると予想されている。

天然ガスは中東や旧ソ連に多く分布しているが，石油に比べて分布の偏りが少なく，今後の開発も期待されている。

石炭は石油の 2.7 倍程度（可採年数で）存在し，化石燃料の中では最も可採年数が長い。しかし，灰分や硫黄分が多く，発熱量当たり二酸化炭素発生量が多い燃料であるため，大気汚染や地球温暖化防止の観点から，クリーンな利用技術の開発が課題となる。

一方，非化石エネルギー源であるウランについては，2018 年末における採掘費 80 US ドル/kg 未満の確認可採埋蔵量は約 124 万 3 900 トンで，年間生産量約 5 万 3 498 トンに対し 23.5 年の可採年数がある。さらに，核燃料サイクルの技術進歩次第で数千年の利用が可能といわれている。

ウラン資源は，旧ソ連，アジア・太洋州，アフリカ，北米をはじめとして広い範囲に分布している。

2.4　エネルギーの貯蔵

2.4.1　エネルギー貯蔵の必要性

エネルギーの有効利用においては，エネルギー変換の効率向上が不可欠であることはいうまでもないが，同時にエネルギーをある期間貯蔵する技術の開発も重要である。それは，エネルギーの生産と消費の間に時間的・空間的（地理的）なずれがあったり，エネルギーの需要に大幅な変動が生じたりすることが多いからである。

とくに，電力の場合には，発生＝消費の特徴があるので，昼夜間，季節間の電力調整が問題であり，現在のエネルギー貯蔵は，電力をいかなる形で貯蔵するかに重点がおかれている。

表 2.7　世界のエネルギー資源埋蔵量（2019 年末ただしウランは 2018 年末）

	石　油	天然ガス	石　炭	ウラン
確認可採埋蔵量	1 兆 7 339 億バレル	198.8 兆 m^3	10 696 億 t	124.4 万ウラニウムトン[注1)
年生産量	347 億バレル	4.0 兆 m^3	81.3 億 t	5.3 万ウラニウムトン[注2)
可採年数[注3)	49.9 年	49.8 年	132 年	23.5 年

注 1）2018 年末生産コスト 80US ドル/kg 未満の確認埋蔵量
注 2）2018 年末生産量を示す
注 3）下位の桁の数値の丸めにより，計算値と記載数値は必ずしも一致しない。

出所）「2021 年版 EDMC エネルギー・経済統計要覧」より作成

2.4.2　エネルギー貯蔵技術

（1）　エネルギー貯蔵技術に要求される性能条件

多くの場合，エネルギーを貯蔵する際には，貯蔵すべきエネルギー（例えば電力や熱）を他の形態のエネルギーに変換して貯蔵する。エネルギー貯蔵技術に要求される性能として主なものには次の各項がある。

① エネルギー貯蔵密度が高いこと

② エネルギー貯蔵効率が高いこと

③ エネルギー貯蔵可能時間が長いこと

④ 性能劣化度が低く耐久性が高いこと

⑤ 入力・出力に対する応答性が高いこと

⑥ 安全性が高いこと

⑦ 経済性が高いこと

（2）　エネルギー貯蔵の方法

現在，比較的大規模なエネルギー貯蔵技術が実際に使われ，あるいは近い将来の実用化を目指して開発が進められているのは，ほとんどが電力の貯蔵に関するものである。これらの主なものを，例を挙げて簡単に説明する。

（ア）揚水発電

電力需要の少ない時間帯（深夜など）の余剰電力を利用して水を下方の貯水池（下部調整池）からポンプで高所の貯水地（上部調整池）に汲み上げ，位置エネルギーとして蓄えておき，電力需要が多い時間帯にこれを水力発電に使用

する方式を揚水発電という。揚水に用いるポンプと発電のための水車とは共通のもの（可逆ポンプ水車）を用いることが多い。この方式はすでに大規模な電力貯蔵システムとして実用化されている。

　なお，上下二つの貯水地を要する在来型揚水発電以外に，欧米では地下揚水，日本では海水揚水の技術開発が進められている。

（イ）蓄熱

　熱エネルギーの貯蔵には，常温より高い温度レベルでの貯蔵（狭義の蓄熱）と低い温度レベルでの貯蔵（いわゆる蓄冷）とがある。後者は，電力需要の昼夜のアンバランスを緩和するための技術として最近急速に普及している。

　冷熱の貯蔵に最も普通に用いられる媒体は水である。これには水を相変化（凍結）させずに行う顕熱蓄熱と，氷を作ってその凝固・融解潜熱を利用する潜熱蓄熱（氷蓄熱）とがある。常温・常圧下の水の比熱は $4.18\,kJ/(kg\cdot K)$ であるから，例えば $20\,℃$ の水 $1\,kg$ を $7\,℃$ まで冷却するには $54.3\,kJ$ の熱を除去する必要があり，逆に $7\,℃$ の冷水には（$20\,℃$ を基準にとると）これだけの冷熱が蓄えられることになる。

　一方，氷の場合を考えると，水 $1\,kg$ を氷に変えるには水の凝固の潜熱，すなわち $334\,kJ/kg$ を奪いとる必要がある。こうしてできた $0\,℃$ の氷を加熱融解して $20\,℃$ の水にするには，顕熱分 $84\,kJ/kg$ と合わせて $418\,kJ/kg$ の熱が必要になる。すなわち，$0\,℃$ の氷と $7\,℃$ の冷水とを比べると，単位質量当たりの蓄冷量において約 7.5 倍の差があることになる。

　以上に述べた水蓄熱・氷蓄熱は主として昼間の冷房電力の低減を目的とするものであるが，プロセス用の蓄熱装置としては，水蒸気の潜熱を顕熱に置き換えて蓄えるスチームアキュムレータがある。

（ウ）二次電池

　電池は，物質が保有する化学エネルギーを，電気化学反応を経て電気エネルギーに変換する装置である。とくに，充電可能な電池すなわち，電気エネルギーと化学エネルギーの間の変換が双方向に可能なものが，二次電池でありエネルギー貯蔵に用いられる。

　大規模な電力貯蔵システム用として現在開発が進められているものにナトリウム・硫黄電池（NaS電池）がある。これは，負極活性物質にナトリウム

（Na），正極活性物質に硫黄，電解質としてベータアルミナ（酸化ナトリウムとアルファアルミナの化合物）という固体電解質を用いた電池である。この電池は，300 ～ 350 ℃という高温で運転され，500 kJ/kg 程度のエネルギー密度が実現されている。この値は，鉛電池の2.5 ～ 3 倍，リチウムイオン電池の1.5 ～ 2.5 倍に相当する。

（エ）圧縮空気エネルギー貯蔵

　夜間などの余剰電力を利用して空気を圧縮し，貯蔵容器に蓄え，電力需要の大きい昼間にこの圧縮空気で発電すれば，電力負荷の平準化に寄与することができる。このような方式を圧縮空気エネルギー貯蔵（CAES ； Compressed Air Energy Storage）という。この方式は，既にドイツや米国では実用化されている。

（オ）フライホイール

　エネルギー貯蔵装置としては，比較的短時間の電力負荷平準化あるいは周波数変動保証に用いられている。また，電力系以外でも鉄道や電気自動車などでの制動エネルギーの回収に利用されている。

　フライホイールに蓄えられる力学エネルギーの量は，フライホイールの回転周速度の 2 乗に比例するので，エネルギー貯蔵密度を上げるためには周速度を大きくする必要がある。

2.5　エネルギーの有効利用

2.5.1　エネルギーの質

　エネルギーは消えてはなくならない。また，別な言い方をすれば，前述したエネルギー変換のどの過程においてもエネルギーの総和は等しい。これがエネルギー保存則である。

　しかし，電灯を点けるとか燃料を燃やすような，目に見えるパワフルなエネルギー（仕事のエネルギー）は，一度使えば消えていき，熱という目に見えない形で自然界に蓄積されていく。いわゆるエネルギーの低質化である。エネルギー保存則は，仕事のエネルギーに，この低質化した熱エネルギーを含めた総

計が量的に保存されることを意味する。**図2.1** はエネルギーの低質化の原理を示したもので，式（2.2）はエネルギーの有効度指数を示す。省エネルギーという観点に立てば，この指数が大きいのが望ましく，また大きいほど環境にやさしいシステムであるということができる。

$$I = \frac{E - X}{E} \tag{2.2}$$

ここで，I はエネルギー有効度指数，E はプロセスへの入力エネルギー，X は低質化の損失エネルギーを示す。

2.5.2 エクセルギー（有効エネルギー）

100 kJ のエネルギーがあるとき，それが電気エネルギーであれば動力（力学的エネルギー）や光エネルギーに変換でき，高温度の熱を発生させることもできて用途は広い。しかし，同じ 100 kJ のエネルギーでも，20℃の温水 2.4 kg を 10℃に下げて得た熱エネルギーは，このままでは暖房にも利用できず，前述のヒートポンプの熱源としてしか役に立たない。

このように量的に同じでも質的に異なるエネルギーを正当に評価することは，エネルギーの有効利用や省エネルギーシステムを構築するのに極めて有用であり，現在，このエネルギーの質の評価には，本来エネルギーに期待されてきた効果である「仕事を発生させる能力」を基準にとることとしている。熱力学で定義する「有効エネルギー」の概念である。

しかし，**図2.1** に示された低質化したエネルギーといえども，その質に適した用途に再利用することは可能である。したがって，「有効エネルギー」という言葉は誤解を招きやすいので，省エネルギー技術の観点からは，有効エネルギーに代えて「エクセルギー（Exergy）」という用語を用いることが多い。

エクセルギーとは，外部に取り出して動力（仕事）に変換しうる熱エネルギーの量を意味する。**図2.2** にエネルギーとエクセルギーとの関係を示す。熱エネルギーの場合はその温度が高いほどエクセルギーは高くなる。

効率にはエネルギー効率とエクセルギー効率がある。エネルギー効率は単に効率とか熱効率と呼ばれる。エネルギーの有効利用を図るには，単にエネルギ

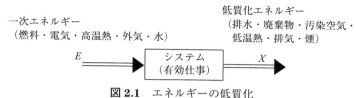

図 2.1　エネルギーの低質化

一効率だけでなく，エクセルギー的に無駄のないシステムを組むことが肝要である。

　例えば，室温 25℃ のもとで，0℃ の 冷 水 30kg，100 ℃ の 熱 湯 10kg があったとする。また，そこには自由に動くピストンを備えたシリンダーがあり，室温と同じ 25℃ の空気が入っていたとする。

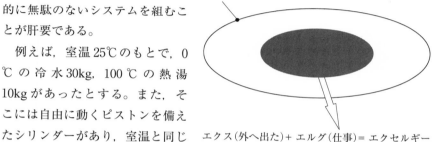

図 2.2　エネルギーとエクセルギーの関係

　この場合にシリンダーに上の冷水又は熱湯をかけると，向きは逆ではあるが，ピストンを動かすことができる（仕事へ変換）。しかし，冷水と熱湯を混合した 25℃ の水 40kg をかけても，ピストンは動かない（**図 2.3** 参照）。

　すなわち，この例は，エネルギーの合計が同じでも，冷水や熱湯に分けられている時の方がこれらを混ぜてしまうよりエクセルギーが高いことを示してい

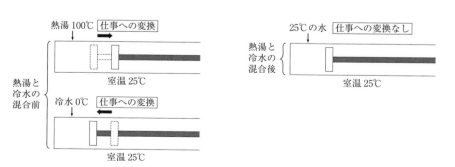

図 2.3　エクセルギーの比較

る。

　なお，電気エネルギーや軸動力は，ほとんどすべてを仕事に変換できるので，エクセルギーはエネルギーに等しい。また，燃料のエクセルギーは，その一部が環境へ逃げるとしてエネルギーの値に 0.95（気体燃料），0.975（液体燃料）を乗じた値を用いる。

2.5.3　熱のカスケード利用

　最近，工場やビルなどで導入が進んでいるコージェネレーションシステムでは熱をカスケードに利用している。カスケードとは「階段状の滝」のことで，「熱のカスケード利用」とは，**図 2.4** のように燃料の燃焼によって得られる高エクセルギーの熱エネルギーを，まず電力や動力に変換してエクセルギーを確保し，残りの低質化した排熱をプロセス蒸気やビルの冷暖房・給湯など需要温度の低い用途に利用するなど，温度レベルの高い方から順に段階的に利用することをいう。これは化石燃料の有する化学エネルギーを，エクセルギーの消失ができるだけ少なくなるように段階的に利用することを意味しており，エネルギーの変換を行うシステムとして理想的なシステムといえる。

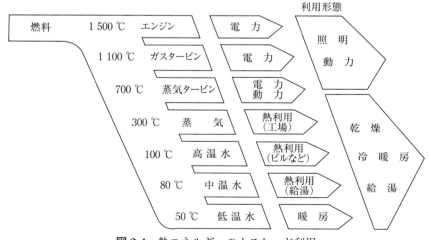

図 2.4　熱エネルギーのカスケード利用

　実際の工場やビルなどにおいては，天然ガスや重油などを燃料とし，ガスエンジン・ガスタービン・ディーゼルエンジンのような熱機関によって発電機や圧縮機を駆動し，発生する電気エネルギー，力学エネルギーを使用するとともに，熱機関から蒸気や温水で回収される排熱を熱需要先に利用している。

2.5.4　ヒートポンプ

（1）　ヒートポンプとは

　ヒートポンプは，温度の低い方から高い方へと熱をポンプのようにくみ上げる仕組みである。例えば，このヒートポンプを使ったルームエアコンは，夏期の室温より外気温が高い状態においても室内から熱を奪って室外にくみ上げ，冷房に使うことができる。逆に冬は低温の室外から高温の室内に熱をくみ上げ，暖房に使用できる。

　このヒートポンプの仕組みは，家庭用や業務用エアコン，冷凍機，冷蔵庫，冷凍庫，給湯機，乾燥機など家庭用，業務用，産業用でその技術が広く利用されている。

　（注）ここではヒートポンプという用語は原則として冷却・加温の両用で使うこととする。また，この原理を主に冷却用に使う場合は冷凍サイクル，加温用に使う場合はヒートポンプ加熱などの用語を使用することとする。

（2）　ヒートポンプ（冷凍サイクル）の基本原理

　ヒートポンプ（冷凍サイクル）は，温度の低い方から高い方へと熱を運ぶ仕組みであり，圧縮機を駆動力とする蒸気圧縮冷凍サイクルと，熱を駆動力とする吸収冷凍サイクルに大別される。ここでは蒸気圧縮冷凍サイクルについて解説する。

1）　機能と構造

　ヒートポンプは，低い温度でも蒸発する性質をもつ冷媒（注）を使い，その状態（液体，気体）や温度を循環の過程で変化させながら熱をくみ上げる。

　（注）熱を運ぶ媒体の一種で，ヒートポンプ用には，通常，化学品であるフロン系冷媒やアンモニアなどの自然冷媒が使用される。

　ここではヒートポンプの仕組みについて，身近な家庭用のエアコンを念頭に説明を行う。

　装置は，主に膨張弁，蒸発器，圧縮機，凝縮器および配管から構成され，圧縮機はモータ（電動ヒートポンプ）あるいはガスエンジン（ガスエンジンヒートポンプ）により駆動される。また，冷暖房兼用のエアコンとする場合には，冷媒の流れを切り替えるための四方弁が必要である。

　　①膨張弁：冷媒を急激に断熱膨張させ，低温低圧にさせる働きをする。
　　②蒸発器：外部から熱を奪って，冷媒を蒸発させる働きをする。
　　③圧縮機：冷媒を圧縮し，高温高圧にして送り出す働きをする。
　　④凝縮器：冷媒ガスを液化させて，熱を外部へ放出する働きをする。
　　⑤四方弁：冷媒の流れる方向を切り替えることにより，冷却・加熱の機能を
　　　　　　　選択可能とする。

2）ヒートポンプの作動メカニズム

　ヒートポンプの仕組みを冷房の例で具体的に解説する。冷凍サイクルの構成は**図2.5**のように示される。

　　①圧縮機が稼働している状態では，蒸発器内は低圧状態である。低圧状態を保ちながら，膨張弁から受液器の液体冷媒を供給する。低圧空間に供給された液体冷媒は断熱膨張（注）して蒸発し潜熱を奪う。

　　②この時の蒸発温度は7℃程度であり，室温から熱を奪い気体となる。室内から熱を奪う機器を蒸発器という。

　　③圧縮機は蒸発した気体を速やかに圧縮し，高温の冷媒ガスとすると同時に，蒸発器側を低圧状態にし続ける。

　　④冷媒は室外の凝縮器で，外部に熱を放出しながら気体から液体に戻る。この排出される熱は凝縮熱である。

　以上のように，①〜④を繰り返しながら，室内の熱を室外にくみ上げることで冷房を行う。暖房の場合は，室外機の凝縮器は蒸発器に，室内機の蒸発器は凝縮器になるよう四方弁で冷媒の流れを切り替え，室外機で外気から熱を奪い，室内機で熱を放出することで，室外の熱を室内にくみ上げている。

　（注）気体が熱の出入りなしに，その体積を増大する現象で断熱変化の一形態である。外

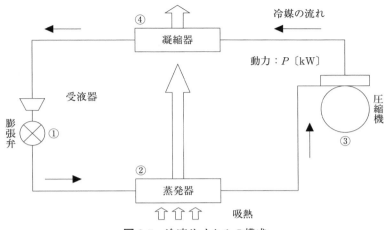

図2.5　冷凍サイクルの構成

部へ仕事をすることになるので，内部エネルギーが減少し，気体の温度は下がる。

3）ヒートポンプ原理の関係式

　圧縮機の動力（圧縮仕事）を P〔kW〕，蒸発器で冷媒が周囲から奪う熱量（冷凍能力）を Q_c〔kW〕，凝縮器で冷媒が周囲に放熱する熱量（凝縮熱量）を Q_h〔kW〕とすれば，

$$Q_h = Q_c + P \text{〔kW〕} \tag{2.3}$$

　すなわち，凝縮熱量（放熱量）＝冷凍能力＋圧縮仕事となる。

（3）　ヒートポンプの効率

1）冷暖房能力

　ヒートポンプの能力は，冷房時は単位時間当たりに室内から運び出すことのできる熱量 Q_c，また，暖房時は室内に運び入れる熱量 Q_h で示される。

　例えば，冷房能力2.8kW のエアコンは 1kW＝1kJ/s であるので，1秒間に2.8kJ の熱量をくみ上げることができるということを意味する。

2）成績係数（COP：Coefficient of Performance）

　ヒートポンプのエネルギー効率は，単位時間にくみ上げる，この熱量と消費電力の比により評価される。この指標を成績係数（COP）という。動力源と

しては電動機に使う電気が多用されているが，ガスエンジンに使うガスも使われている。

　なお，COP のカタログ値は，電気とガスでエネルギーの換算の考え方が異なるため，単純比較はできない。電気ヒートポンプでは，熱出力〔kW〕／消費電力〔kW〕であるが，ガスヒートポンプでは熱出力〔kW〕／消費ガス熱量の kW 換算値で計算される。電気ヒートポンプのカタログ値には，電力の一次エネルギー換算係数（例　省エネ法の電気事業者の昼間（8時〜22時）買電　9,970GJ/kWh）が考慮されていないので注意が必要である。

　冷暖房時の COP は次式で表すことができる。

・冷房時の COP_c

$$COP_c = Q_c / P$$

・暖房時の COP_h

$$COP_h = Q_h / P = Q_c / P + 1 = COP_c + 1$$

【事例】

　例えば，冷房能力 2.8kW のエアコンの消費電力が仮に 0.5kW であるとすると，このエアコンは冷房において，1秒間に 0.5kJ の電気エネルギーを使って，2.8kJ の熱エネルギーを運び出す能力を持つことになり，成績係数（COP）は，運ばれる熱量 2.8kW を消費電力 0.5kW で除した 5.6 となる。

　換言すれば成績係数（COP）は，このエアコンが消費電力 1kW 当たり 5.6kW の熱を運ぶことができるという指標であり，これが大きいほど効率が高くなる。

　このようにヒートポンプは，電気を熱エネルギーとしてではなく熱を移動するための動力源としてのみ使用するため，一般に消費電力を熱量換算した量の約3〜6倍程度の熱を移動できる，エネルギー効率が極めて高いシステムである。

3）通年エネルギー消費効率（APF：Annual Performance Factor）

エアコンの実使用においては外気温度の変化により，冷房・暖房に必要な能力，消費電力は変化する。そのため，1状態点の効率を表す成績係数（COP）では，年間を通したエアコンの実運転効率を把握することはできない。

そこで，現在エアコンの省エネルギーの指標として用いられているのがAPFである。これは，1年間を通して定められたパターンのもとにエアコンを運転したときの，消費電力1kW当たりの冷房・暖房能力を表わすもので，次式のように，冷房期間に室内側空気から除去された熱量，および暖房期間に室内空気に加えられた熱量の総和と，同期間内に消費された総電力との比で表わされる。

$$\mathrm{APF} = \frac{\text{冷房期間中に発揮した能力の総和＋暖房期間中に発揮した能力の総和}}{\text{冷房期間中の消費電力量の総和＋暖房期間中の消費電力量の総和}}$$

APFにより，より実使用状態に近い省エネルギー性の評価を行うことができる。

4）ヒートポンプの熱源

エアコン用など，ヒートポンプの熱源は空気が多いが，空気以外のものを熱源とすることができる。夏期の冷房時に熱を捨て，冬期の暖房時に熱をくみ上げる対象として，室外の空気より夏期は温度が低く，冬期は温度の高いものを利用すれば，より効率よく熱をくみ上げて室内を冷暖房することができる。

そのような熱源として，地中熱，河川水，下水熱など，暖房の場合は更に温排水などがあげられる。

[**例題　2.5**]

　　高温熱源から Q_1 の熱を受け取り，その一部を仕事 W に変換し，Q_2 の熱を低温熱源に放出している熱機関がある。このとき，Q_1 に対する W の比，すなわち $\dfrac{W}{Q_1}$ をこの熱機関の＿＿1＿＿という。一方，低温熱源から熱 Q_2 を得て仕事 W を使ってその熱を運び，高温熱源に熱 Q_1 を与えている冷凍

機があるとき，W に対する Q_2 の割合 $\dfrac{Q_2}{W}$ を冷凍機の [2] と呼ぶ。低温熱源から得た熱 Q_2 ではなく，高温熱源に与える熱 Q_1 を利用するような機器は [3] と呼ばれている。

（語　群）

ア　サーモスタット　　イ　ヒートポンプ

ウ　冷凍トン　　エ　冷凍能力　　オ　高温冷凍機

カ　性能指数　　キ　成績係数　　ク　温度効率

ケ　熱効率

【解　答】

1－ケ　　2－キ　　3－イ

第2編の演習問題

［演習問題 2.1］

わが国のエネルギーフローについて，次の文章の □□□□ の中に入れるべき適切な字句または数値を答えよ。

(1) エネルギー資源は，そのままでは利用しにくいため種々の形に変換して用いられることが多い。変換前のエネルギー資源を一次エネルギー，変換後のエネルギーを ☐1☐ と呼ぶ。☐1☐ には，☐2☐ ，☐3☐ ，石油製品などがある。

(2) 2020 年度における一次エネルギー国内供給は，年間約 17 965 PJ（ペタジュール）であるが，これを省エネ法に規定された数値 ☐4☐ kL/1GJ で原油換算すると，PJ = 10^{15}J であるから ☐5☐ 億 kL となる。

(3) 一次エネルギーの種別を割合の大きい順に列記すると次のとおりである。

☐6☐ :	36.4 %
☐7☐ :	24.6 %
天然ガス :	23.8 %
☐8☐ :	13.4 %
原子力 :	1.8 %

(4) 最終エネルギー消費の割合は，家庭，運輸，企業・事業所等の3部門の中で，☐9☐ 部門が最も大きく約 62 % を占め，次いで ☐10☐ 部門，☐11☐ 部門の順となっている。

(5) 一次エネルギー国内供給と最終エネルギー消費には約3割の差があるが，これは転換損失であり，その主なものは ☐12☐ による損失である。

［演習問題 2.2］

次の文章の □□□□ の中に入れるべき適切な字句又は数値を語群から選び，その記号を答えよ。

　ジェームズ・ワットは蒸気機関の出力を評価するために，馬力という仕事率の単位を定義した。その測定装置の概念は，馬に負荷をかけて円周上を回転運動させるものである。このときの状況を国際単位系（SI）で表すと，馬は，負荷が $\boxed{\text{A}}$ $\boxed{\text{a.b} \times 10^c}$ 〔N〕のもとで半径 3.7m の円周を 1 時間に 144 周したので，その仕事率，すなわち，ジェームズ・ワットが定義した 1 馬力は約 0.746kW となった。

　ここで，重力の加速度を 9.8m/s² とし，円周率 π は 3.14 とする。

［演習問題 2.3］

　次の文章の $\boxed{}$ の中に入れるべき適切な字句又は数値を語群から選び，その記号を答えよ。

　エネルギーは保存され，原理的にはほとんどのエネルギー形態間での変換が可能である。しかし，エネルギーを実際に利用する立場からは，有効エネルギーあるいはエクセルギーという視点が重要である。エクセルギーの値をエンタルピーの値で除したエクセルギー率で見ると，エクセルギー率が最も高い $\boxed{1}$ エネルギーと，これに続く $\boxed{2}$ エネルギーに比較して，$\boxed{3}$ エネルギーはエクセルギー率が低いと表現されることも多い。

（語　群）
　　ア　熱　イ　化学　ウ　電気

［演習問題 2.4］

　国際単位系（SI 単位）について，次の表の $\boxed{}$ の中に入れるべき適切な字句又は式を答えよ。

　国際単位系（SI）では，次の七つの量を基本単位としている。

量	単位の名称	単位記号
長さ	メートル	m
☐1	キログラム	kg
時間	秒	☐2
電流	アンペア	☐3
熱力学温度	☐4	K
☐5	モル	mol
光度	☐6	cd

また，固有の名称をもつ組立単位を基本単位を用いて表した例として次のようなものがある。

組立量	SI 組立単位		
	固有の名称	記号	SI 基本単位による表し方
圧力，応力	パスカル	Pa	$kg/(m \cdot s^2)$
エネルギー，仕事，熱量	ジュール	J	☐7
電力，動力，仕事率	ワット	W	☐8
電位，電位差，電圧，起電力	ボルト	V	☐9
電気抵抗	オーム	Ω	☐10

[演習問題 2.5]

次の表はエネルギー形態相互間の変換現象の例を記入したものである。☐の中に入れるべき適切な字句を語群から選び，その記号を答えよ。

変換前の エネルギー形態	変換現象	変換後の エネルギー形態
力学エネルギー	ある物質をすりつぶしたときに発光する現象	☐1
熱エネルギー	熱解離	☐2
核エネルギー	荷電粒子放射	☐3
光エネルギー	光吸収	☐4
化学エネルギー	浸透圧	☐5
電磁気エネルギー	電動機	力学エネルギー

（語　群）

ア　力学エネルギー　　イ　電磁気エネルギー　　ウ　光エネルギー

エ　化学エネルギー　　オ　熱エネルギー　　　　カ　核エネルギー

[演習問題 2.6]

　次の文章の $\boxed{A \mid a.b \times 10^c}$ 及び $\boxed{B \mid a.b \times 10^c}$ に当てはまる数値を計算し，その結果を答えよ。ただし，解答は解答すべき数値の最小位の一つ下の位で四捨五入すること。

　電力量を表すのに〔kW・h〕という単位が日常的に使われている。1kW・h ＝ $\boxed{A \mid a.b \times 10^c}$ 〔J〕であり，これは，消費電力が60Wの電球を $\boxed{B \mid a.b \times 10^c}$ 〔s〕点灯したときの電力量に相当する。

[演習問題 2.7]

次の文章の $\boxed{}$ の中に入れるべき適切な字句又は数値を語群から選び，その記号を答えよ。

　脱炭素技術の一つとして最近メタネーションが注目されている。この技術は，さまざまな排出源から回収した二酸化炭素に水素を触媒反応させてメタン（CH_4）を合成するもので，このメタンは，既存の天然ガスのインフラストラクチャーを活用して輸送・貯蔵・利用できる。メタネーションで1モルの二酸化炭素を全てメタンと水にするには，理論的に $\boxed{1}$ モルの水素分子が必要になるので，この水素をどのように供給するかが鍵となり，再生可能エネルギー由来のいわゆる $\boxed{2}$ 水素を主に供給することが前提となる。

　ちなみに，化石燃料由来の水素であっても，水素を生成したときに発生した二酸化炭素の大気中への排出を抑える方法の一つである $\boxed{3}$ を適用する場合は $\boxed{4}$ 水素と呼ばれる。

（語群）

ア　2　　イ　3　　ウ　4　　エ　CCUS　　オ　IGCC

カ　IPCC　　キ　イエロー　　ク　グリーン　　ケ　グレー　　コ　ブルー

［演習問題 2.8］

パリ協定の長期目標について，次の文章の　□□□　の中に入れるべき適切な字句を語群から選び，その記号を答えよ。

世界の平均気温上昇を　□1□　以前に比べて　□2□　より十分低く保ち，□3□　に抑える努力をする。

そのため，できるかぎり早く世界の温室効果ガス排出量をピークアウトし，□4□　には，温室効果ガス排出量と（森林などによる）吸収量のバランスをとる。

（語　群）

ア　0.5℃　　イ　1℃　　ウ　1.5℃　　エ　2℃　　オ　2.5℃
カ　3℃　　キ　2000 年　　ク　第 1 次世界大戦　　ケ　産業革命
コ　21 世紀前半　　　　サ　21 世紀後半　　　シ　22 世紀前半

第2編の演習問題解答

[演習問題 2.1]

1 - 二次エネルギー　　2 - 電力　　3 - 都市ガス　　4 - 0.025 8

5 - 4.63　　6 - 石油　　7 - 石炭　　8 - 水力・再生可能・未活用エネルギー

9 - 企業・事業所等　　10 - 運輸　　11 - 家庭　　12 - 発電

注）2，3は順不同

（解説）

5　原油換算量 = $17\,965 \times 10^{15} \times \dfrac{0.025\,8}{(1 \times 10^{9})} = 4.63 \times 10^{8}$ kL

[演習問題 2.2]

A - 8.0×10^{2}

（解説）

一定の力 F〔N〕を加えられて，一定の速度 v〔m/s〕で動いているときの仕事率 P〔W〕は次式で表される。

$$P = Fv$$

ここで，半径 3.7 m の円周を 1 時間に 144 周するときの馬の速度 v〔m/s〕は，次のようになる。

$$v = \frac{2\pi \times 3.7 \times 144}{3\,600} = \frac{2 \times 3.14 \times 3.7 \times 144}{3\,600} = 0.929\,4 \text{ m/s}$$

加えられた負荷 F〔N〕は，次のように求められる。

$$F = \frac{P}{v} = \frac{0.746 \times 10^{3}}{0.9294} = 802.7 \rightarrow 8.0 \times 10^{2} \text{ N}$$

[演習問題 2.3]

1 - ウ　　2 - イ　　3 - ア

[演習問題 2.4]

　　1 −質量　　2 − s　　3 − A　　4 −ケルビン　　5 −物質量
　　6 −カンデラ　　7 − $\mathrm{kg \cdot m^2/s^2}$　　8 − $\mathrm{kg \cdot m^2/s^3}$
　　9 − $\mathrm{kg \cdot m^2/(A \cdot s^3)}$　　　10 − $\mathrm{kg \cdot m^2/(A^2 \cdot s^3)}$

[演習問題 2.5]

　　1 −ウ　　2 −エ　　3 −イ　　4 −オ　　5 −ア

[演習問題 2.6]

　　A − 3.6×10^6　　B − 6.0×10^4

（解説）

A

1W・h は 3 600 J であるから，1kW・h $= 3.6 \times 10^6$ J となる。

B

60W の電球を t〔s〕間点灯したときの電力量が 1kW・h であるとすると

$$60 \times \frac{t}{3\,600} = 1.0 \times 10^3 \quad \mathrm{s}$$

　これより

$$t = \frac{3.6 \times 10^6}{60} = 6.0 \times 10^4 \quad \mathrm{s}$$

[演習問題 2.7]

　　1 −ウ　　2 −ク　　3 −エ　　4 −コ

（解説）

　1　メタネーションでは CO_2 の C と O から CH_4 と H_2O が生成される，C と O の数に比例して反応に必要な水素分子（H_2）の量が求められる。

　$CO_2 + 4H_2 \rightarrow CH_4 + 2H_2O$

［演習問題 2.8］

　　　1　ケ　　　2　エ　　　3　ウ　4　サ

第3編 エネルギー管理技術の基礎

1章
エネルギー管理の手法

1.1　省エネルギーの進め方

　エネルギーを使用して事業を行う者（以下「事業者」という。）にとっての省エネルギーの意義をまとめて整理すると，以下のようになる。

① 　燃料及び電気などのエネルギーコストの削減
② 　生産性向上及び生産システムの合理化
③ 　供給電力不足対策への対応
④ 　地球環境への負荷低減に対する事業を行う者の社会的責任の達成
⑤ 　省エネルギー性に優れた製品あるいはサービスの提供

　事業者の省エネルギーへの積極的な取り組みは，単なるエネルギー削減にとどまらず，生産面・経営面への効果，地球環境に対するクリーンな事業者のイメージの形成といった様々な効果をもたらすことになる。

　法的にみると，平成20年度の省エネ法改正により，従来の工場・事業場単位の法規制に加え，事業者単位の法規制が新たに加わり，「特定事業者」に役員クラスのエネルギー管理統括者及びそれを補佐するエネルギー管理企画推進者の選任が義務づけられた。この結果，事業者としては従来以上にエネルギー管理に経営的視点を踏まえた取り組みをする必要がある。

　事業者全体としてのエネルギー管理体系を示したのが**図1.1**である。

　具体的には判断基準の中で，「事業者として設置している工場等を俯瞰してエネルギーの使用の合理化に努めること」と記載され，事業者が統括的に取り組む事項として事業者全体としてのエネルギー管理体制を整備し，責任者を配置し，省エネルギーの取組方針を策定し，それに沿って，エネルギー管理を実施することが求められている。ここで工場等とは工場又は事務所その他の事業

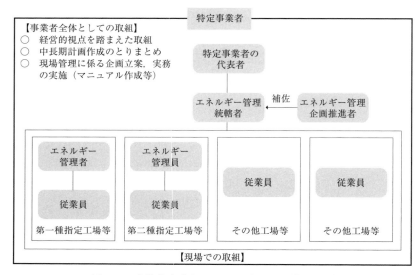

図 1.1　事業者全体としてのエネルギー管理体系

所を意味する。

　また，工場等における省エネルギーの進め方をまとめて示すと，**図 1.2** のようになる。以下この図の流れに沿って説明する。

1.2　エネルギー管理組織の整備

　エネルギーは工場等のすべての業務で使用されているため，エネルギー管理をエネルギー管理担当者だけで実行するのは不可能に近い。また，エネルギー供給者側だけで省エネルギーを徹底的に行っていても，工場等のエネルギー使用者側で省エネルギー意識がなければエネルギーが無駄に使用され全体としては大きな損失を生ずることになる。これを避けるためには，事業者全体としてのエネルギー管理体制のなかで，工場等全体で効果的な省エネルギーを推進するための体制を確立することが必要である。省エネルギー推進のための3本柱は，経営者，省エネルギーを推進する組織（委員会など）及び全員参加である。

　従業員・テナントに対する教育も重要である。従業員やテナントが全員参加の形で省エネルギー活動を進めていくためには，十分な情報が提供されること

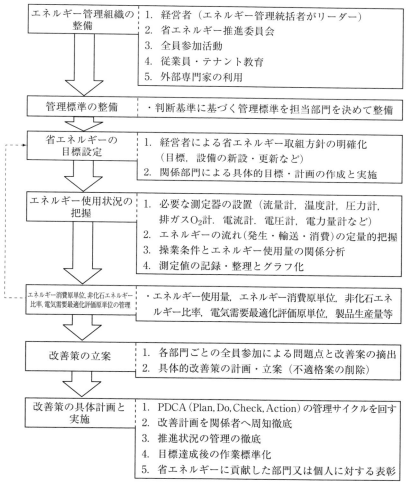

図1.2 工場等における省エネルギーの進め方

が不可欠である。

　最近では中小企業のみならず大企業においても人件費を圧縮するためにぎりぎりの人数で企業運営が行われている。このため省エネルギー対策を計画するに当たって，外部の専門家に省エネルギー診断を依頼し対策を立案してもらうことも考えられる。この場合には企業内部の者による診断と異なった角度での診断が行われ，従来見落とされていたエネルギー損失発生箇所の発見や広い視

野に立った対策の立案が可能になる場合がある。

　外部の専門家としては，省エネルギーコンサルタント，エンジニアリング会社などが選ばれる場合が多いが，最近では，省エネルギー対策の資金調達まで面倒をみる ESCO 事業者の活用も行われるようになった。

　従業員・テナント教育の面でも，外部の専門家に指導を依頼することによる効果が期待できる。

1.3　管理標準の整備

　管理標準は，「基本方針」で設定が求められ，事業者が自主的に定めるマニュアルで，エネルギー消費原単位の改善を目的として，エネルギー使用設備の運転管理，計測・記録，保守・点検等を行うに当たり，自主的に作成するものである。管理標準の整備に当たっては，その工場等の業種，規模，設備内容，エネルギーの流れ，実施された省エネルギー対策等を踏まえ，具体的な省エネルギー目標を明確化し，担当部門を決めて，管理を行う対象設備や管理内容を決めることが重要である。

1.4　省エネルギー目標の設定

（1）　経営者による省エネルギー取組方針の明確化

　省エネルギーを円滑に進めるためには，経営者が省エネルギーの取組方針（省エネルギーの目標，当該目標達成のための設備の運用・新設・更新に対する方針を含むこと）を明確に設定しなければならない。省エネルギーの成果は，省エネルギーに対する経営者の関心と意欲の度合いの如何にかかっているといっても過言ではない。

（2）　関係部門による具体的目標・計画の作成と実施

　関係部門は，経営者の取組方針を受けて行程ごとに具体的な目標を立て推進計画を作成し，省エネルギー対策を立案する。

1.5　エネルギー使用状況の把握

　省エネルギー推進の第一歩はエネルギー使用の現状を把握することである。このためにはエネルギーの種類別に，エネルギーの発生，輸送，消費に至るまでの流れを計測により定量的に把握する必要がある。これと同時にその計測に対応する操業条件，周囲条件，環境条件なども把握する。

（1）　必要な測定器の設置
　工場等において最低限計測・計量すべきデータ項目は，省エネ法の判断基準で定められている。これを念頭に置き流量計，温度計，圧力計，排ガスO_2計，電圧計，電流計，電力量計などの各種測定器を必要に応じて設置する。

（2）　エネルギーの流れの定量的把握
　工場等において使用燃料から発生した熱あるいは受電した電力が，各工程にどのように送られ，消費され，損失となっているかを工程の流れに沿って測定器により定量的に把握する。

（3）　操業条件とエネルギー使用量の関係分析
　工場等の操業条件は，同一製品であっても原料，要求される品質，量，周囲条件などにより異なる。異なる操業条件におけるエネルギー使用量のデータを積み重ねることにより，操業条件によるエネルギー使用量の変化傾向をつかみ，効率的な操業条件を見つけることができる。

（4）　測定値の記録・整理とグラフ化
　計測された測定値を記録・整理し，エネルギー損失分布が分かるように図表化するとともに，傾向が把握できるようにグラフ化する。この場合にパソコンにデータを蓄積し分析ツールを使用して分析することが極めて有効である。

1.6　エネルギー消費原単位の管理

　同業の他工場等との省エネルギー性比較，自社の省エネルギー改善の余地あるいは省エネルギー達成の評価の尺度としては，一般的にはエネルギー消費原単位が用いられる。

　エネルギー使用量が燃料であれば燃料原単位，電力量であれば電力原単位，蒸気であれば蒸気原単位と呼んでいる。蒸気は社外から購入される以外は自社のボイラで燃料を燃焼して発生させることが多く，通常は燃料原単位の中に含まれる。

　熱と電気の両方が使用されている場合には，電力を一次エネルギー換算して熱量に加算し，全エネルギーとすることにより一次エネルギー消費原単位を計算する。

1.7　改善策の立案

　現状の把握により改善の方向付けを明確にできたならば，各部門ごとに問題点を摘出し，その解決方法などを具体的に検討し，実施の難易，投資の有無などをそれぞれ比較検討して実施するテーマを決定していく。問題点の発掘や改善案の提示にはできるだけ多くの参加者を求め，広い視野で見ることが必要である。

1.8　改善策の具体計画と実施

　改善策の具体的な実施計画の作成に当たっては，実施の順序を考慮することが重要である。省エネルギー対策を実施するには一定の順序があり，この順序に従って実施することにより予測どおりの効果が得られ，過剰な投資が避けられる。

　省エネルギー対策は一般に次の段階を経て実施される。

　第1段階：管理強化，操業改善

　既存の設備を前提に作業方法を見直す段階で，設備投資を必要とせず，管理強化によりエネルギーの無駄な使用を防止する。主として現業の職場での全員参加活動により提案されてくるもので，提案に基づいた操業管理の強化により直ちに効果が現れる。

第2段階：設備付加，設備改善

　本体設備の変更は実施しないが，小規模な投資により，設備を付加したり，一部設備の改善を行い設備全体としての効率を向上させるもので，排熱回収装置や送風機・ポンプの回転速度制御装置などがこれに該当する。第1段階の対策を十分に行った後で実施することで，過大な設備を導入したり作業方法が複雑になったりすることを避けることができる。

第3段階：プロセス変更，高効率設備導入

　設備の大型化，作業工程の連続化，工程の省略，作業条件の変更，コージェネレーション設備の導入など，作業工程全体の省エネルギー型への変換，高効率設備の導入により省エネルギーを達成するものである。この対策は大きな効果が期待できるが，開発するための技術力，時間が必要であり，必要とする投資額も多額になるため事前に十分な検討が必要となる。

　このような検討を経て，優先的に改善すべき問題点の具体的な改善策が決定されたならば，次にその計画を推進することになる。これは**図1.3**のデミングの管理サイクル（PDCAサイクル）を回すことにより達成できる。

①計画（Plan）：改善策の目的と計画とを明確にし，その達成方法を決める。実施に向かって，内容，実施時期，方法，手順などを十分審議し，関係者への計画の徹底を図る。

②実施（Do）：目的，達成方法を十分理解してもらうため教育・訓練を行い，計画に基づいて実施する。

③確認（Check）：要因について測定・点検を行い，実施結果を目標値と比較し確認する。確認された省エネルギー効果を公表するなど推進状況の管理を徹底する必要がある。

④処置（Act）：目標が達成された場合は，作業標準を定め歯止めをする。なお問題が残れば修正処置をとる。処置の効果を確認する。忘れてはならないのはメンテナンスで，設備をその本来の目的に合致するよう維持する

　ことが省エネルギーのためにも重要である。

　計画の推進に当たってはこの管理サイクルを円滑に回すことが大切であり，立派な改善策であっても推進状況の管理が十分でなければ効果は期待できない。

　効果が出た改善策については，その提案者に対して効果に応じた表彰を行い今後の改善の弾みとすることが重要である。

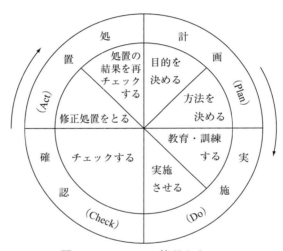

図1.3 デミングの管理サイクル

2章
エネルギー管理技術の基礎

2.1 エネルギーの基礎

2.1.1 運動と仕事

（1） 変位と速度

　物体の位置が時間とともに原点からどのように移動するかがわかれば，物体の運動を表すことができる。変位は物体が原点からどちらの方向にどれだけ動いたかを示す量である。変位は符号を含む量である。

　物体の運動を表すのに，速さに関する情報も必要である。物体の速度とは，単位時間当たりの物体の変位をいう。

　速度は，物体の進む方向を含む量である。速度の大きさを速さと呼び，速度は，速さと運動の方向の両方を示す量であるから，ベクトルである。時間を秒〔s〕，距離をメートル〔m〕の単位を用いると，速度の単位はメートル毎秒〔m/s〕となる。

　変位を x，時間を t として，速度 v を微分記号で示すと，

$$v = \frac{\mathrm{d}x}{\mathrm{d}t} \tag{2.1}$$

で表される。

（2） 加速度

　加速度 a を微分記号で示すと，

$$a = \frac{\mathrm{d}v}{\mathrm{d}t} = \frac{\mathrm{d}^2 x}{\mathrm{d}t^2} \tag{2.2}$$

で表される。

（3）　自由落下運動

　自由落下運動は，重力だけを受けて，静止していた物体が落下する運動である。この運動は等加速度運動であり，加速度の大きさは，約 9.8 m/s^2 である。この加速度の大きさを g で表し，重力の加速度の大きさと呼ぶ。重力の加速度の値は，場所によって少しずつ異なり，標準加速度 $g_n = 9.806\,65$ m/s^2 と決められている。

　実用的には $g = 9.8$ m/s^2 として差し支えないが，必要な有効数字に従って，$g = 9.8$，9.81，9.807 m/s^2 の値を用いる。

　自由落下運動の速さを表す式は，

$$v = gt \tag{2.3}$$

となる。また落下距離 y〔m〕は，

$$y = \frac{1}{2}\,gt^2 \tag{2.4}$$

であり，落下時間 t〔s〕の2乗に比例する。

（4）　力の大きさ

　力の大きさは，力の大きさを測る単位を決めることによって，定量的に表現することが可能になる。

　力の単位としては，ニュートン〔N〕が用いられる。1 N は，1 kg の質量を持った物体に外力を加えた場合に，その物体に 1 m/s^2 の加速度を与える力である。質量は，場所によって異なることはなく，物質固有の量である。質量の単位はキログラム〔kg〕で表される。

（5）　運動の法則
（ア）慣性の法則（運動の第一法則）

　外部から力が働かないか，あるいは働いていてもその合力が0である（力が釣り合っている）ならば，静止している物体は静止し続け，運動している物体

は等速直線運動を続ける。物体のもつこの性質を慣性といい，この関係を慣性の法則（または運動の第一法則）という。

（イ）力と加速度

　物体に働く力の釣り合いが破れたときには，それまで静止，または等速直線運動をしていた物体の運動状態は変化し，加速度運動に変わる。このとき，質量 m 〔kg〕の物体に働く力 F 〔N〕と加速度 a 〔m/s^2〕との間には次の関係がある。

$$F = m \cdot a \tag{2.5}$$

　この式を運動方程式という。

（ウ）質量と重さ

　式（2.5）より，同じ力が働いている場合，質量が大きな物体ほど加速度が生じにくい，すなわち，現在の運動状態を変化させにくいということがわかる。したがって，質量が大きいほど慣性も大きいことになり，質量は慣性の大きさを表すものといえる。

　地上では物体は質量に関係なく，重力加速度 g 〔m/s^2〕で落下する。これを式（2.5）に代入すると，

$$F = mg \tag{2.6}$$

　が得られる。この式は，物体に働く重力の大きさ，すなわち物体の重さが，地上での重力の加速度が一定とみなされる場合には，質量に比例することを表している。

（6）　仕事と仕事率

（ア）仕事

　物体に一定の力 F 〔N〕を働かせて，その力の向きに s 〔m〕の距離だけ動かす。このとき，力がする仕事 W 〔J〕は次式で表される。

$$W = F \cdot s \tag{2.7}$$

　仕事の単位はジュール〔J〕である。

　この式から，力を加えても力の向きに物体が動かないときは，力が物体にす

る仕事は零であることがわかる。また，力の向きが物体の移動の向きと垂直であるときも，その力がする仕事は零である。

（イ）仕事率

仕事率は，仕事の能率を表し，ある一定時間当たりの仕事の量である。時間 t〔s〕の間に仕事 W〔J〕をするときの仕事率 P〔W〕は次のように表される。

$$P = \frac{W}{t} \tag{2.8}$$

仕事率の単位はワット〔W〕である。

また，物体に一定の力を加えて，一定の速度 v〔m/s〕で距離 s〔m〕動かすとき，仕事率 P は次のように表される。

$$P = \frac{W}{t} = \frac{F \cdot s}{t} = F \cdot v \tag{2.9}$$

（7）　等速円運動

（ア）周期と速度

等速円運動は，物体が円周上を一定の速さで移動するときの運動である。円周上を1周すれば物体は必ず元の位置に戻る。周期は，物体がちょうど円周上を1周するのに要する時間 T〔s〕をいう。また，回転速度は，物体が1秒間に円軌道上を回転する数であり，回転速度 n は次式で表される。

$$n = \frac{1}{T} \tag{2.10}$$

回転速度の単位は毎秒〔s^{-1}〕である。

半径 r〔m〕の円周上で等速円運動をする物体は，1周で $2\pi r$〔m〕の距離を進む。このときの物体の速さ v〔m/s〕は次のように表される。

$$v = \frac{2\pi r}{T} = 2\pi r \cdot n \tag{2.11}$$

（イ）角速度

角速度は，円運動している物体と円の中心を結ぶ線分が，単位時間当たりに回転する速度である。等速円運動では角速度は一定である。**図2.1** で t〔s〕間に物体が点 P_1 から P_2 まで移動したとき，弧 P_1P_2 に対する回転角を θ とす

れば，角速度 ω は

$$\omega = \frac{\theta}{t} \qquad (2.12)$$

と表される。角度の単位に rad（ラジアン）を用いると，角速度の単位は〔rad/s〕となる。

周期 T〔s〕で物体は円を1回転，つまり回転角で 2π〔rad〕回転するので等速円運動では次の関係が成り立つ。

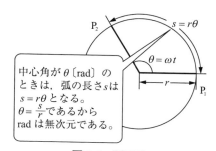

中心角が θ〔rad〕のときは，弧の長さ s は $s = r\theta$ となる。
$\theta = \frac{s}{r}$ であるから rad は無次元である。

図 2.1　弧度法

$$\omega = \frac{2\pi}{T} = 2\pi n \qquad (2.13)$$

円運動の速度の大きさ v は角速度 ω を用いて表せる。物体が円周上を中心角で θ〔rad〕移動したときの移動距離 s〔m〕は，円の半径を r〔m〕として $s = r \cdot \theta$ である。したがって，円運動の速さ v は次のように表すことができる。

$$v = \frac{s}{t} = \frac{r \cdot \theta}{t} = r \cdot \omega \qquad (2.14)$$

2.1.2　力学エネルギー

（1）　運動エネルギー

速さ v〔m/s〕で運動している質量 m〔kg〕の物体が持つ運動エネルギー E_K〔J〕は次のように定義される。

$$E_K = \frac{1}{2} m \cdot v^2 \qquad (2.15)$$

（2）　位置エネルギー

質量 m〔kg〕の物体を基準面から h〔m〕だけ重力に逆らって持ち上げるために必要な外力 F がする仕事 W〔J〕は，

$$W = F \cdot h = mgh \tag{2.16}$$

となる。

高さ h〔m〕の位置にある物体の重力による位置エネルギー E_P〔J〕は，そのエネルギーを与えるためにした仕事に等しいので，次のように与えられる。

$$E_\mathrm{P} = mgh \tag{2.17}$$

2.1.3 熱とエネルギー

（1） 熱エネルギーと温度

（ア）温度

一般に使われている温度の単位は二つあり，一つは，気温，体温などよく日常生活で使われるセルシウス温度（摂氏温度）で，単位記号としては〔℃〕が使用される。

他の一つは，気体の体積変化などの計算に使われる熱力学温度（絶対温度）で，単位はケルビン〔K〕が使用される。実用的には絶対温度という表現が使われることが多いので，以下このテキストでは絶対温度の表現を使用する。

セルシウス温度と絶対温度とを区別するため，セルシウス温度は t，絶対温度は T の記号で表すことが多い。

セルシウス温度 t と絶対温度 T との間には次の関係がある。

$$T = t + 273.15 \tag{2.18}$$

（イ）顕熱と潜熱

大気圧のもとにおいて水に熱エネルギーを加えると，**図2.2** に示すような温度変化をする。加える熱エネルギーが大きくなるにつれ，水の温度が上昇していくが，これは水の原子・分子の運動エネルギー（水の内部エネルギー）が増加していることを意味している。

図2.2 において，沸点（100℃）に達するまでは，加えた熱エネルギーに比例して水の温度が直線的に上昇するが，沸点に達すると加えた熱エネルギーは

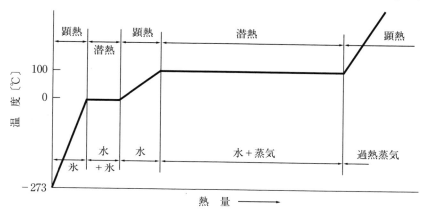

図 2.2　水の温度と熱及び状態変化

すべて水が蒸発するのに使われるため温度が上昇しないことを示している。このように温度変化で知ることができる範囲の熱の動きを「顕熱」，温度変化を伴わない範囲の熱の動きを「潜熱」と呼んでいる。1 気圧の水と蒸気との間の潜熱は約 2 257 〔kJ/kg〕である。なお，沸点を超えてさらに水に熱エネルギーを加えていくとすべての水は水蒸気に変化する。

　逆に水から熱を除去していっても同じような変化を見ることができる。すなわち，氷点（0 ℃）までは水の温度が直線的に低下していくが，氷点に達すると除去する熱エネルギーはすべて水が氷に変化するのに使われるため温度が低下しない。このときの氷と水との間の潜熱は約 335 〔kJ/kg〕である。そして，沸騰現象と同じくすべての水が氷に変化すると，更に熱を除去するに従い温度は次第に下がっていく。

（2）　熱量と比熱

　一般に，水が蒸気に変化するといった相変化がない場合には物質を加熱すると温度が上昇する。このとき，加えた熱エネルギーの量を熱量といい，記号としては Q，単位記号としては〔J〕が使用される。

　ある物質を加熱あるいは冷却するとき，出入りする熱量はその物質の質量及び温度変化に比例する。例えば，質量 m〔kg〕の物質の温度を t_1〔℃〕（絶対温度 T_1〔K〕）から t_2〔℃〕（絶対温度 T_2〔K〕）まで変化させるのに必要な熱

量 Q 〔J〕は,

$$Q = c \cdot m \cdot (T_2 - T_1) = c \cdot m \cdot (t_2 - t_1) \tag{2.19}$$

で表せる。ここで，比例定数 c は物質の種類によって異なる値をもち，比熱と呼ばれ，単位記号は〔J/(kg・K)〕である。これに対し，ある物質の温度を $1\,℃$ だけ温度上昇させるのに必要な熱量を熱容量と呼び，C で表し，単位記号は〔J/K〕である。熱容量と比熱には次のような関係がある。

$$C = m \cdot c \tag{2.20}$$

2.1.4　気体の熱的性質

（1）　気体の分子運動と圧力

　容器に気体を入れると，気体の分子は自由に動き回って容器の壁に衝突し，壁に対して力を与える。気体の圧力は，気体が容器の壁の単位面積当たりに垂直に押す力であり，圧力の単位記号は〔Pa〕（パスカル）である。面積 S 〔m^2〕を気体が力 F 〔N〕で垂直に押すとき，圧力 P 〔Pa〕は,

$$P = \frac{F}{S} \tag{2.21}$$

で与えられる。

（2）　大気圧

　大気圧は日々変化するが，水銀柱で 760 mm のときを標準的な大気圧とすることに決められており，これを標準気圧と呼び〔atm〕で表し，1 atm を 1 気圧という。

　　1 atm = 760 mmHg = 1.013 25 × 10^5 Pa = 101.325 kPa = 1 013.25 hPa

$$\tag{2.22}$$

　圧力を測定するとき，一般には大気圧を基準にして測定するが，大気圧は変化しているため，圧力を正確に表すには完全真空を基準とした圧力を使用する必要がある。大気圧から測った圧力と完全真空から測った圧力を区別するため，

それぞれをゲージ圧力，絶対圧力と呼んでいる。熱力学の計算では，絶対圧力を使用する。圧力の値がゲージ圧力で与えられたときには，その値に大気圧を加えればよい。

（3）　理想気体の状態式

気体は圧力と温度によりその体積が大きく変化するが，変化の仕方には一定の関係がある。温度一定のもとでは，圧力と体積は反比例する。気体の圧力を P〔Pa〕，気体の体積を V〔m^3〕とすると，

$$P \cdot V = 一定 \tag{2.23}$$

で表される。これをボイルの法則あるいはマリオットの法則という。

圧力一定のもとでは，絶対温度と体積は比例する。気体の体積を V〔m^3〕，気体の絶対温度を T〔K〕とすると，

$$\frac{V}{T} = 一定 \tag{2.24}$$

で表される。これをシャールの法則またはゲイリュサックの法則という。

これら二つの法則を組み合わせると，気体の絶対温度と圧力との関係は次式で表せる。

$$P \cdot V = mRT \tag{2.25}$$

$$P \cdot v = RT \tag{2.26}$$

ここで，P は気体の圧力〔Pa〕，V は体積〔m^3〕，v は比体積〔m^3/kg〕，m は質量〔kg〕，T は絶対温度〔K〕である。また，R は気体の種類によって決まる定数で，気体定数と呼ばれ，〔J/(kg·K)〕の単位をもつ。

2.1.5　熱力学の第一法則

（1）　内部エネルギー

一般に，静止した物質に熱を加えると，物質の温度は上昇し，膨張しようとする。これは物質を加熱することにより，物質を構成している原子，分子など

の熱運動が活発になり，それらのもつ運動エネルギーが増加することによる。このほかに原子，分子などはそれぞれの間の力による位置エネルギーをもっている。内部エネルギーは，物質を構成している原子，分子などがもつこのような運動エネルギーと位置エネルギーとを合わせたものである。

（2） 熱と仕事と内部エネルギー

気体などの物質に外部から仕事をすることによって，内部エネルギーを増加させることができる。例えば，ピストンを使用して気体を圧縮すると，気体の内部エネルギーは増加し，温度が上昇する。

このように気体の温度を上げるには，熱を加えてもよいし，気体に仕事を与えてもよい。熱は仕事と同等であり，互いに変換できる。外部から気体に与えた仕事を W〔J〕，外部から加えた熱量を Q〔J〕とすると，気体の内部エネルギーの増加 ΔU〔J〕は，

$$\Delta U = W + Q \tag{2.27}$$

となる。この関係を熱力学の第一法則という。

（3） 断熱変化

断熱過程は，熱の出入りを遮断したまま，気体などの物質の温度や圧力の状態を変化させる過程であり，断熱変化はこのときの物質の状態の変化である。これは式 (2.27) で $Q = 0$ に相当する。気体を断熱圧縮した場合 $(W > 0)$，気体の内部エネルギーは増加し，気体の温度は上がる。逆に，気体を断熱膨張させる場合 $(W < 0)$，気体の内部エネルギーは減少し，気体の温度は下がる。

2.1.6 熱力学の第二法則

熱力学の第一法則によれば，熱は仕事と同等であり，互いに変換できる。しかし，現実には，仕事を熱に変換するときにはその全量が熱に変換できるのに対し，熱から仕事を得る場合には，その一部のみが仕事に変換され，残りはそのまま外部に捨てられる。熱のこのような性質を述べたものが，熱力学の第二

法則であり，ある熱源が与えられたとき得られる最大限の仕事と，それが得られる条件を知るのに重要な法則である。

2.1.7　伝　熱

（1）　伝熱の3形態

　実際に熱が伝わる状況はいろいろ考えられるが，伝熱の形態は基本的には伝導，対流，放射の三つに分けられ，これらが単独で，あるいは組み合わさって現れる。

（2）　伝導伝熱

　厚さb〔m〕で面積がA〔m^2〕の壁があり，両側の表面温度がそれぞれt_1〔℃〕（絶対温度T_1〔K〕）及びt_2〔℃〕（絶対温度T_2〔K〕）（$t_1 > t_2$）に保たれているとき，この壁を通して単位時間に通過する熱量（伝熱量）Q〔W〕は次のように与えられる。

$$Q = \lambda \cdot A \cdot \frac{t_1 - t_2}{b} = \lambda \cdot A \cdot \frac{T_1 - T_2}{b} \tag{2.28}$$

　この式で比例定数λは熱伝導率〔W/(m·K)〕と呼ばれ，物体の種類や密度などによって異なる値をもつ。

（3）　対流伝熱（熱伝達）

　壁の表面を流体が流れているとき，壁から流体へ流れる熱量は流体の種類や流れの状況，伝熱表面の性状などによって大きく変化する。しかし，どのような場合であっても伝熱量は壁の表面温度t_w〔℃〕と流体温度t_f〔℃〕の差に比例することがわかっている。そこで，表面積A〔m^2〕の壁面からの対流伝熱による伝熱量Q〔W〕を計算するときには次式を用いる。

$$Q = h \cdot A \cdot (t_w - t_f) \ 〔W〕 \tag{2.29}$$

　この式でhは熱の伝わりやすさを表し，熱伝達率〔W/(m^2·K)〕と呼ばれ，流体の種類や流れの状況，伝熱表面の性状などによって大きく変化するもので

あり，実験によって求められる。

　対流は，流れの発生する原因が何であるかにより自然対流と強制対流に分けられる。

　対流伝熱では，伝熱量に流速が大きく影響するため，自然対流と強制対流では熱伝達率の値も違ってくる。

（4）　放射伝熱

　伝導や対流では物体の内部を熱が移動するのに対し，放射ではある物質から別の物質へ電磁波の形で熱が直接伝えられる。このため，伝導や対流とは取扱いがまったく異なる。

　物体の表面から放出される放射エネルギー E〔W〕は，物体の温度及び表面の状態によって決まり，物体の表面温度を t〔℃〕，表面積を A〔m^2〕とすれば次式で表される。

$$E = 5.67\, \varepsilon \cdot A \cdot \left(\frac{t + 273.15}{100}\right)^4 \tag{2.30}$$

　この式において係数 ε は放射率と呼ばれ，表面の状態と温度によって決まるものである。

（5）　熱系と電気系との相似性

　伝導伝熱の式（2.28）及び対流伝熱の式（2.29）を変形すると，

$$\Delta t = t_1 - t_2 = \frac{b}{\lambda \cdot A} \cdot Q \tag{2.31}$$

及び，

$$\Delta t = t_\mathrm{w} - t_\mathrm{f} = \frac{1}{h \cdot A} \cdot Q \tag{2.32}$$

となる。

　式（2.31）及び式（2.32）で，温度差 Δt を電圧，伝熱量（熱流）Q を電流，$\dfrac{b}{\lambda \cdot A}$ 及び $\dfrac{1}{h \cdot A}$ を電気抵抗と考えれば，電気回路におけるオームの法則と同じになり，熱計算に電気回路の計算を適用することができる。これを熱オ

ームの法則といい，$\dfrac{b}{\lambda \cdot A}$ 及び $\dfrac{1}{h \cdot A}$ は熱抵抗と呼ばれる。熱の移動と電気の伝導との間には相似性があり，熱系諸量をそれぞれに対応する電気系諸量に置き換えることによって，熱移動現象を電気回路として取り扱える場合が多い。**表 2.1** に熱系諸量と電気系諸量対応を示す。

表 2.1　熱系諸量と電気系諸量の対応

熱　系	電気系	熱系	電気系
温　度	電　位	熱伝達係数	表面抵抗率の逆数
温度差	電位差（電圧）	熱抵抗	（電気）抵抗
熱　量	電　荷	熱容量	静電容量
伝熱量，熱流	電　流	温度伝導率（熱拡散率）	抵抗・容量時定数逆数$1/R'C'^{*}$
熱流束	電流密度		
熱伝導率	導電率（抵抗率の逆数）		

注）$*R'C'$は分布定数回路の単位長当たりの値

〔例題　3.1〕

> 次の文章の $\boxed{\text{A ab.c}}$ に当てはまる数値を計算し，その結果を答えよ。
>
> 温度 700℃ の物体の表面から放射される単位面積，単位時間当たりの放射エネルギーは $\boxed{\text{A ab.c}}$ 〔kW/m²〕である。ただし，この物体の表面の放射率を 0.85，ステファン・ボルツマン定数を $5.67 \times 10^{-8}\,\mathrm{W/(m^2 \cdot K^4)}$ とする。

【解　答】

A － 43.2

【解　説】

物体の表面から放射される単位面積，単位時間当たりの放射エネルギー E 〔W/m²〕

は，物体の表面温度を t 〔℃〕，表面の放射率を ε，ステファン・ボルツマン定数を σ 〔W/(m^2・K^4)〕とすると次式で求められ，$\varepsilon = 0.85$，$\sigma = 5.67 \times 10^{-8}$，$t = 700$ を代入して，

$$
\begin{aligned}
E &= \varepsilon\sigma\ (t+273)^4 \\
&= 0.85 \times 5.67 \times 10^{-8} \times\ (700 + 273)^4 \\
&= 43\,197 \text{ W/m}^2 \rightarrow 43.2\text{k W/m}^2
\end{aligned}
$$

が得られる。

2.1.8　流体力学

（1）　流体の静力学

（ア）流体の圧力

　液体中の深さの異なる2点の圧力差（$P_2 - P_1$）は，容器の形や大きさに無関係であり次式で与えられる。

$$P_2 - P_1 = \rho g(z_2 - z_1) \ 〔\text{Pa}〕 \tag{2.33}$$

　ここで，ρ：液体の密度〔kg/m^3〕，g：重力加速度〔m/s^2〕，$z_2 - z_1$：深さの差〔m〕である。

（イ）ゲージ圧と絶対圧

　前述のように，圧力を表す方法として，大気圧 P_0 〔Pa〕を基準とするゲージ圧 P_g 〔Pa〕と，完全な真空を零基準とする絶対圧 P_a 〔Pa〕の二つがある。これらの圧力の関係は $P_a = P_0 + P_g$ の式で表される。通常の圧力計は大気圧を基準として圧力を測定しているので表示はゲージ圧である。ゲージ圧には正圧と負圧がある。

（2）　流体の動力学

（ア）流速と流量

　管路を流れる流体の速度を流速といい，v 〔m/s〕で表す。また，管路を流れる流体の体積流量は，単位時間に管路断面を通過する流体の体積で，Q

〔m³/s〕で表す。

　管路の断面積を A〔m²〕，管路の断面における流体の平均流速を v〔m/s〕で，流体が非圧縮性の流体とすると次式の関係がある。

$$Q = A \cdot v \qquad (2.34)$$

（イ）ベルヌーイの式

　図**2.3** に示すように，断面積 A〔m²〕の管路内を管路断面積平均流速 v〔m/s〕で流れる流量が変化しない流れについてエネルギー保存則を考える。

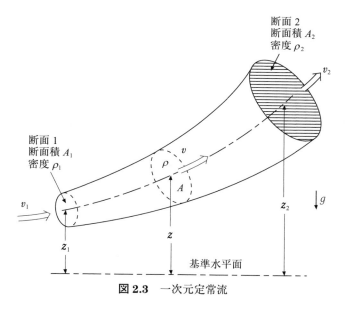

図2.3　一次元定常流

　流体の密度変化が無視できる密度 ρ〔kg/m³〕の非圧縮性流体の場合で，外部とのエネルギーの出入りがなく，流体の粘性によるエネルギー損失も無視できるものとすると，エネルギー保存則は次式のように簡略化される。

$$P + \frac{1}{2}\rho \cdot v^2 + \rho g z = \text{一定} \qquad (2.35)$$

　この式は，ベルヌーイの式と呼ばれ，非圧縮性流体の流れでエネルギー損失

のない場合に成り立つ。P, $\dfrac{1}{2}\rho \cdot v^2$, $\left(P + \dfrac{1}{2}\rho \cdot v^2\right)$ 及び ρgz はそれぞれ静圧,動圧,全圧及び静水圧と呼ばれる。ベルヌーイの式は,流体が単位体積当たりに保有している圧力のエネルギー (P),運動エネルギー $\left(\dfrac{1}{2}\rho \cdot v^2\right)$,位置エネルギー ($\rho gz$) の三者の和が一定である(保存される)ことを表している。これが,流体のエネルギー保存則でベルヌーイの定理である。

　なお,気体の流れでは,ρ が非常に小さいので通常,位置のエネルギー (ρgz) は無視できる。

2.1.9 電気回路(直流)

(1) 電気回路と直流・交流

　電気回路は電気の流れる通路である。電流には大別して直流と交流がある。直流は,**図 2.4** (a) のように,流れる向きが一定で時間が経過しても変化しない電流である。交流は,**図 2.4** (b) のように,電流の大きさと向きが時間の経過とともに周期的に変化し,1周期の平均値が零となる電流である。

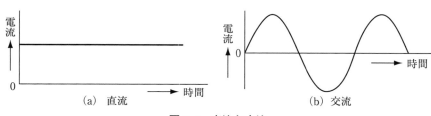

図 2.4 直流と交流

(2) 電流と電子

(ア) 自由電子

　すべての物質は,原子でできている。原子はさらに,正の電気をもつ原子核と,負の電気をもつ電子とに分けられる。物質内を自由に動き回ることのできる自由電子となる。自由電子が多い物質は電気をよく伝えることができるので,導体といわれる。逆に,自由電子をほとんど持たない物質は電気を伝えにくい

ため，絶縁体といわれる。

（イ）電流の向きと大きさ

　自由電子の移動が電流である。ただし，電流の向きは正の電気の動く向きとしているので，自由電子の動く向きとは逆になる。

　電流の大きさは物体のある断面を1秒間に通過する電荷の量で表す。電流の単位にはアンペア〔A〕，電荷の単位にはクーロン〔C〕が用いられる。導体の断面を t 秒間に Q〔C〕の電荷が移動するとき，電流 I〔A〕は次式で表される。

$$I = \frac{Q}{t} \tag{2.36}$$

（ウ）電位，電位差，電圧，起電力

　電流は水の流れに類似している。水位に相当するのが電位であり，電流は電位の高い方から低い方へと流れ，負荷の抵抗で熱に変換される。この電位の差を電位差または電圧という。

　この電位差を生じさせる働きが起電力である。

　電位差，電圧，起電力の単位には，ボルト〔V〕が用いられる。

（3）　オームの法則

（ア）オームの法則

　電流の流れを妨げる働きを電気抵抗あるいは単に抵抗という。ある電気回路の電流 I〔A〕はその回路の抵抗 R〔Ω〕に反比例し，回路中の起電力 V〔V〕に正比例する。この関係は次式で表され，オームの法則と呼ばれる。

$$I = \frac{V}{R} \tag{2.37}$$

（イ）抵抗の直列接続

　直列接続とは，**図2.5**（a）のように抵抗を一列に連ねて接続する方法である。この接続方法では，抵抗 R_1，R_2，R_3〔Ω〕には同じ大きさの電流 I〔A〕が流れる。

　各電圧降下の和が電源電圧 V〔V〕と等しくなるので，

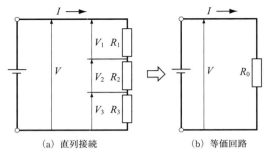

(a) 直列接続　　　　　　(b) 等価回路

図 2.5　抵抗の直列接続

$$V = V_1 + V_2 + V_3 = (R_1 + R_2 + R_3) \cdot I \equiv R_0 \cdot I \tag{2.38}$$

R_0 は $R_1 + R_2 + R_3$ と等価であり，R_1，R_2，R_3 の直列接続回路における合成抵抗と呼ばれる。

（ウ）抵抗の並列接続

並列接続とは，**図 2.6**（a）のように抵抗を並列（横隣）に並べ，それぞれの両端を一つにまとめて接続する方法である。この接続方法では，抵抗 R_1，R_2，R_3〔Ω〕には同じ大きさの電源電圧 V〔V〕が加わる。

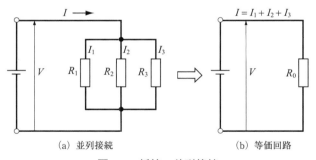

(a) 並列接続　　　　　　(b) 等価回路

図 2.6　抵抗の並列接続

各抵抗を流れる電流の和が電源から流出する電流 I〔A〕に等しくなるので，

$$I = I_1 + I_2 + I_3 = \frac{V}{R_1} + \frac{V}{R_2} + \frac{V}{R_3} = \left(\frac{1}{R_1} + \frac{1}{R_2} + \frac{1}{R_3} \right) \cdot V \equiv \frac{1}{R_0} \cdot V \tag{2.39}$$

R_0 は $\dfrac{1}{\dfrac{1}{R_1}+\dfrac{1}{R_2}+\dfrac{1}{R_3}}$ と等価であり，R_1，R_2，R_3 の並列接続回路における合

成抵抗と呼ばれる。

（4）　抵抗の性質

（ア）抵抗率

導体の抵抗は材質や形状によって異なる。一般に導体の抵抗 R 〔Ω〕は長さ l 〔m〕に比例し，断面積 A 〔m²〕に反比例する。すなわち，

$$R=\rho\cdot\frac{l}{A} \tag{2.40}$$

ρ は物質によって決まる定数であって物質の抵抗率と呼ばれ，単位には〔Ω・m〕が用いられる。

物質の電気抵抗は材質によって変わるが，同じ材質でも温度によってかなり変化する。一般に金属は温度が上昇すると抵抗が増加するが，マンガニン線のように温度の上昇に対して抵抗がほとんど変化しないもの，あるいはある種のサーミスタのように温度が上昇すると逆に抵抗が減少するものもある。温度が1℃上昇するごとに抵抗が増加する割合を抵抗の温度係数という。

表 **2.2** は各種金属の 20℃における抵抗の温度係数を示す。

表 **2.2**　金属抵抗の温度係数（20℃）

金　属		温度係数 α_{20} 〔℃⁻¹〕
亜鉛	Zn	4.2×10^{-3}
アルミニウム	Al	4.2×10^{-3}
金	Au	4.0×10^{-3}
銀	Ag	4.1×10^{-3}
タングステン	W	5.3×10^{-3}
鉄	Fe	6.6×10^{-3}
銅	Cu	4.3×10^{-3}
白金	Pt	3.9×10^{-3}

（5）　消費電力と発生熱量

（ア）電力と電力量

負荷に電圧を加えると電流が流れる。この電流は様々なエネルギーに変換されて仕事をする。電力とは，電気（電流）のなす単位時間当たりの仕事の大きさをいい，単位には〔W〕（ワット）が用いられる。電力 P は電圧 V 〔V〕と電流 I 〔A〕の積で表される。すなわち，

$$P = V \cdot I \qquad (2.41)$$

電力量とは，電気がある時間内に行った仕事の量をいう。電力量の単位は〔J〕または〔W·s〕であるが，実用上は〔W·h〕がしばしば用いられる。電力量 W は電力 P〔W〕と時間 t〔s〕の積であり，これらの関係は次式で表される。

$$W\text{〔J〕} = \frac{1}{3\,600}\,W\text{〔W·h〕} = \frac{P \cdot t}{3\,600}\text{〔W·h〕} \qquad (2.42)$$

（イ）電流の発熱作用

図 2.7 において，抵抗 R〔Ω〕に電圧 V〔V〕を加え電流 I〔A〕が t〔s〕間流れたとき，発生する熱エネルギー Q〔J〕は次式で表される。

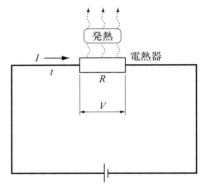

$$Q = I^2 \cdot R \cdot t \qquad (2.43)$$

この関係式はジュールが実験によって求めたものであり，これをジュールの法則という。また，電流が抵抗を流れることによって発生する熱エネルギーをジュール熱といい，単位には〔J〕（ジュール）が用いられる。

図 2.7 抵抗による熱エネルギーの発生

この式を変形すると，

$$Q\text{〔J〕} = I^2 \cdot R \cdot t = (I \cdot R) \cdot I \cdot t = V \cdot I \cdot t = P \cdot t = W\text{〔J〕} \qquad (2.44)$$

すなわち，発生する熱エネルギーは加えられた電力量（電気エネルギー）に等しく，単位は同じ〔J〕である。また，電力 P は次のようにも表せる。

$$P = V \cdot I = I^2 \cdot R = \frac{V^2}{R} \qquad (2.45)$$

（6） 電流と磁界

（ア）アンペアの右ねじの法則

電流が流れている導体の周囲には磁界（磁気的な力が働く空間）が生ずる。

この磁界の磁力線（仮想的な線）は，**図 2.8** のように，導体を中心にした同心円状となり，磁界は導体に近い所ほど強い。磁界の方向は，電流の方向を右ねじの進む向きにとると，ねじを回す向きが磁界の方向となる。この関係をアンペアの右ねじの法則という。この法則は「電流」と「磁界」それぞれの言葉を入れ替えても成立する。

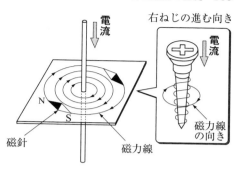

図 2.8　電流による磁界

（イ）磁気回路

図 2.9 のように，鉄心にコイルを N 回巻いて電流 I〔A〕を流すと，鉄心は磁化されて磁束 Φ〔Wb〕（ウエーバ）が生ずる。鉄心は磁束を通しやすいので，ほとんどの磁束は鉄心中を通る。このような磁束の通路を磁気回路または磁路という。

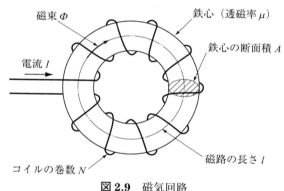

図 2.9　磁気回路

（ウ）磁気抵抗と透磁率

図 2.9 のような磁気回路において，起磁力 NI と磁束 Φ との比を磁気回路の磁気抵抗 R_m といい，次式で表される。磁気抵抗の単位には〔$\mathrm{H^{-1}}$〕（毎ヘンリー）が用いられ，これは〔A/Wb〕に等しい。

$$R_\mathrm{m} = \frac{N \cdot I}{\Phi} \tag{2.46}$$

磁気抵抗は磁束の通り難さを表す。磁気抵抗 R_m〔$\mathrm{H^{-1}}$〕は，磁路の長さ l〔m〕に比例し，鉄心の断面積 A〔$\mathrm{m^2}$〕に反比例して，次式のように表される。

$$R_{\mathrm{m}} = \frac{l}{\mu \cdot A} \tag{2.47}$$

この式において，μ は透磁率と呼ばれ，その値は磁路を作る物質によって異なる。

ある物質の透磁率 μ と真空の透磁率 μ_0（$= 4\pi \times 10^{-7}$〔H/m〕）との比をその物質の比透磁率といい，μ_{r} で表す。すなわち，

$$\mu_{\mathrm{r}} = \frac{\mu}{\mu_0} \tag{2.48}$$

表2.3 にいろいろな物質の比透磁率を示す。表で $\mu_{\mathrm{r}} \gg 1$ の物質を強磁性体といい，$\mu_{\mathrm{r}} \fallingdotseq 1$ の物質を常磁性体という。

表2.3　比透磁率

物　質	μ_{r}	物　質	μ_{r}
銀	0.999 973 6	酸素	1.000 179
銅	0.999 990 6	アルミニウム	1.000 214
水	0.999 991 2	けい素鋼	10^3
空気	1.000 000 365	パーマロイ	10^4

（エ）磁束密度と磁界の強さ

図2.9 に示す環状鉄心の磁気回路において，式（2.46）及び（2.47）から，

$$\frac{N \cdot I}{\Phi} = \frac{l}{\mu \cdot A} \tag{2.49}$$

であるので，次式が成り立つ。

$$\frac{N \cdot I}{l} = \frac{\Phi}{\mu \cdot A} \tag{2.50}$$

式（2.50）の左辺の $\dfrac{N \cdot I}{l}$ は，コイル1m当たりの起磁力であり，磁路内の磁界の大きさ H〔A/m〕でもある。

また，磁束密度を B〔T〕とすれば，$B = \dfrac{\Phi}{A}$ であるので次式が成立する。

$$H = \frac{N \cdot I}{l} = \frac{B}{\mu} \tag{2.51}$$

したがって，鉄心中の磁束密度 B〔T〕は次式で表される。

$$B = \mu \cdot H \tag{2.52}$$

なお，磁束密度の単位は〔T〕（テスラ）であるが，これは〔Wb/m²〕（ウエーバ毎平方メートル）に等しい。

（7）　磁界中の電流に働く力

　磁界中に置かれた導体にある方向に電流を流すと，電流の流れる導体に力が働いて一定の方向に動く。電流の流れる方向を逆にすると働く力の方向も逆になる。

　電流の流れる導体と磁束との間に働くこのような力を電磁力といい，電気エネルギーを機械（力学）エネルギーに変換するのに広く利用されている。

　図 2.10（a）のように，磁束密度が B〔T〕で大きさと向きが一様な磁界，すなわち，平等磁界中に，長さ l〔m〕の導体を磁界の方向と直角に置き，導体に I〔A〕の電流を流したとき，導体に働く電磁力 F〔N〕は次式で表される。

$$F = B \cdot I \cdot l \tag{2.53}$$

　磁界中に置かれた電流の流れる導体に働く電磁力の方向は，電流の方向にも磁束の方向にも直角方向となる。**図 2.11** のように，互いに直角に開いた左手

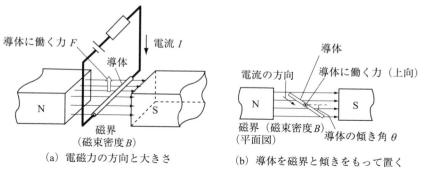

（a）電磁力の方向と大きさ　　　　（b）導体を磁界と傾きをもって置く

図 2.10　電磁力の方向と大きさ

の中指及び人差し指を電流及び磁束の方向に対応させれば，親指の向きが電磁力の方向となる。この関係をフレミングの左手の法則という。

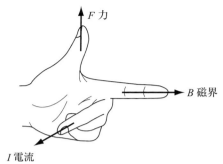

図2.11 フレミングの左手の法則

（8） 電磁誘導

磁界中で磁束を切るように導体を動かすと，導体に誘導起電力が発生する。この現象を電磁誘導という。

図2.12 （a）のように，磁束密度 B〔T〕の平等磁界中に磁界の方向と直角に置かれた長さ l〔m〕の導体を磁界と垂直に一定速度 v〔m/s〕で動かしたとき，誘導される起電力 e〔V〕は次式で表される。

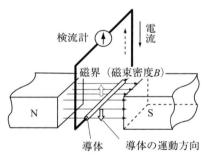

（a）導体を磁界と垂直に動かす

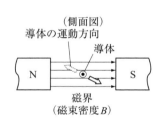

（b）導体を磁界と傾きをもって動かす

図2.12 導体が磁束を切るときの起電力

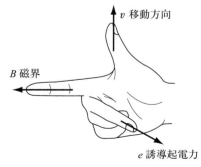

図2.13 フレミング右手の法則

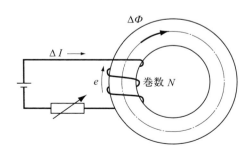

図2.14 自己誘導

$$e = -\frac{\Delta \Phi}{\Delta t} = -B \cdot l \cdot v \tag{2.54}$$

この場合，**図2.13** のように，互いに直角に開いた右手の人差し指及び親指を，それぞれ磁束の方向及び導体が移動する方向に対応させれば，中指の向きが誘導起電力の方向となる。この関係をフレミングの右手の法則という。

（9） 自己誘導と自己インダクタンス

図2.14 のように，コイルに電流を流すとコイル内を貫く磁束が発生する。この電流を Δt 〔s〕間に ΔI 〔A〕だけ変化させるとコイル内の磁束も $\Delta \Phi$ 〔Wb〕だけ変化し，コイルには電磁誘導によって磁束の変化を妨げる方向に誘導起電力が発生する。

コイルの巻数を N とすれば，発生する自己誘導起電力 e 〔V〕は次式で表される。

$$e = -N \cdot \frac{\Delta \Phi}{\Delta t} = -L \cdot \frac{\Delta I}{\Delta t} \tag{2.55}$$

この式において，比例定数 L はコイルの自己誘導作用の程度を示すものであり，コイルの自己インダクタンスと呼ぶ。自己インダクタンスの単位には〔H〕（ヘンリー）が用いられる。

また，透磁率 μ が一定であり，電流と磁束が比例する場合は，上式より $N \cdot \Phi = L \cdot I$ となるから，L 〔H〕は次式のように表現できる。

$$L = \frac{N \cdot \Phi}{I} \tag{2.56}$$

自己インダクタンスはコイルに固有の値であり，コイルの形状，巻数，磁路の物質の透磁率などにより決まる。

（10） コンデンサ

図2.15 のように，2枚の金属板を向かい合わせて置き，その間に誘電体を挿入した素子を平行板コンデンサと呼ぶ。2枚の金属板間に電圧 V 〔V〕を加えると，コンデンサには次式で表される電荷 Q 〔C〕が蓄えられる。

$$Q = C \cdot V \tag{2.57}$$

　比例定数 C はコンデンサの静電容量と呼ばれ，単位には〔F〕（ファラド）が用いられる。1 F という量は実用上過大であるので，一般には μF（マイクロファラド）あるいは pF（ピコファラド）が使用される。

　また，**図 2.15** に示すように，金属板の面積を A〔m²〕，金属板間の距離を l〔m〕，誘電体の比誘電率を ε_r，真空の誘電率を $\varepsilon_0(= 8.85 \times 10^{-12})$ とすれば，コンデンサの静電容量 C〔F〕は次式で表せる。

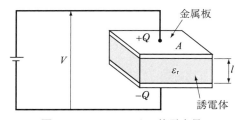

図 2.15　コンデンサの静電容量

$$C = \frac{Q}{V} = \varepsilon_0 \varepsilon_r \cdot \frac{A}{l} = 8.85 \times 10^{-12} \times \varepsilon_r \cdot \frac{A}{l} \tag{2.58}$$

2.1.10　電気回路（交流）

（1）　正弦波交流

（ア）正弦波交流の発生

　図 2.16 のように，平等磁界中にコイルを置いて回転させると，フレミングの右手の法則による方向に誘導起電力が発生する。同図において，コイルの軸方向の長さを l〔m〕，軸に直角方向の長さを $2r$〔m〕，平等磁界内の磁束密度を B〔T〕，磁界に垂直な面に対するコイルの回転角を θ〔rad〕，コイルの運動速度を v〔m/s〕とすれば，磁束と直交する速度成分は $v \sin \theta$〔m/s〕であるから，コイルに発生する交流誘導起電力（以下交流起電力と略記）e〔V〕は次式で表される。

$$e = 2B \cdot l \cdot v \sin \theta \tag{2.59}$$

　今，コイルを一定の角速度 ω〔rad/s〕で回転させるとすれば，$v = \omega \cdot r$，$\theta = \omega \cdot t$ であるから上式は次のようになる。

$$e = 2B \cdot l \cdot \omega \cdot r \sin \omega t = E_{\mathrm{m}} \sin \omega t \tag{2.60}$$

交流起電力 e は時々刻々変化しており，それぞれの時刻における値を瞬時値という。この瞬時値のなかで最大のものが最大値 E_{m} である。

（イ）周期と周波数

図 **2.17** のように，交流起電力の大きさは時間とともに変化するが，一定時間ごとに同じ変化を繰り返している。この繰返しに要する時間を周期，1周期の間の波形の変化を1サイクル，1秒間のサイクル数を周波数という。周期の単位には〔s〕（秒），周波数の単位には〔Hz〕（ヘルツ）が用いられる。周期 T〔s〕と周波数 f〔Hz〕の間には次の関係がある。

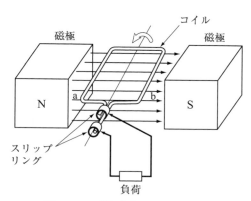

図 **2.16** 正弦波交流発生の原理

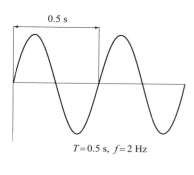

$T = 0.5$ s, $f = 2$ Hz

図 **2.17** 周期と周波数の関係

$$f = \frac{1}{T} \tag{2.61}$$

（ウ）角周波数

式（2.60）の導出に用いたコイルの角速度 ω を正弦波交流の角周波数という。角周波数 ω〔rad/s〕と周波数 f〔Hz〕の間には次の関係がある。

$$\omega = 2\pi f \tag{2.62}$$

（エ）位相と位相差

　図2.18に示す三つの交流起電力 e_1, e_2, e_3〔V〕は，最大値 E_m〔V〕は同じであるがそれぞれの波形の変化には時間的なずれがある。これらの起電力は次式で表される。

$$\left.\begin{aligned}
e_1 &= E_m \sin \omega \cdot t \\
e_2 &= E_m \sin(\omega \cdot t - \theta_2) \\
e_3 &= E_m \sin(\omega \cdot t + \theta_3)
\end{aligned}\right\} \tag{2.63}$$

　ここで，$\omega \cdot t$, $\omega \cdot t - \theta_2$, $\omega \cdot t + \theta_3$ をそれぞれ e_1, e_2, e_3 の位相という。また，$t=0$ における位相を初位相といい，上式の場合，それぞれ 0, $-\theta_2$, θ_3 である。

　二つの交流起電力の位相の差を位相差という。上式において，e_2 は e_1 より「位相が θ_2〔rad〕遅れている」といい，e_3 は e_1 より「位相が θ_3〔rad〕進んでいる」という。また，二つの交流起電力間に位相のずれがないときは，同相であるという。

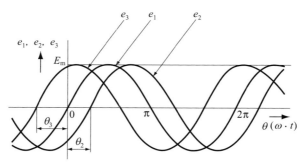

図2.18　交流起電力の位相差

（オ）実効値

　図2.19のように，抵抗 R〔Ω〕に直流起電力または交流起電力を接続すると，抵抗には熱エネルギーが発生する。この両者の発生熱エネルギーを同一測定時間で比較し，交流起電力 e〔V〕を加えたときに発生する熱エネルギーが直流起電力 E〔V〕を加えたときのそれに等しい場合，この E〔V〕を交流起電力 e〔V〕の実効値という。電流についても同様に考えることができる。

　理論的には実効値 E は瞬時値 $e = E_m \sin \omega \cdot t$ の2乗平均の平方根であり，次のように表せる。

$$E = \sqrt{\frac{1}{2\pi} \int_0^{2\pi} (E_\mathrm{m} \sin \omega \cdot t)^2 \mathrm{d}(\omega \cdot t)} = \frac{E_\mathrm{m}}{\sqrt{2}} = 0.707 E_\mathrm{m} \tag{2.64}$$

　同様に電流についても，実効値 I〔A〕は次式で表せる。ただし，I_m〔A〕は電流の最大値である。

$$I = \frac{I_\mathrm{m}}{\sqrt{2}} = 0.707 I_\mathrm{m} \tag{2.65}$$

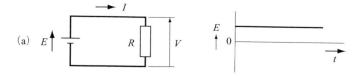

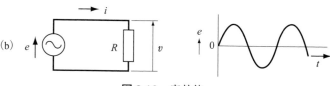

図 2.19　実効値

（2）　交流回路の計算

（ア）抵抗・コイル・コンデンサに流れる電流

ⅰ）抵抗と交流

　抵抗のみの負荷に交流電圧を加えると電圧と電流は同相で，実効値の間では直流の場合と同じくオームの法則が成り立つ。

　図 2.20（a）のように，抵抗 R〔Ω〕のみの負荷に正弦波交流電圧 v〔V〕を加えたとき，電流及び電圧の実効値をそれぞれ I〔A〕及び V〔V〕とすれば，次式が成立する。

$$I = \frac{V}{R} \quad \text{または} \quad V = R \cdot I \tag{2.66}$$

　図 2.20（b）に電圧及び電流の波形を示す。すなわち，正弦波交流電圧 $v = \sqrt{2} V \sin \omega \cdot t$〔V〕を抵抗に加えると，電流は電圧と同相であるので，次式に示すような電流 i〔A〕が流れる。

$$i = \sqrt{2}\,\frac{V}{R}\sin\omega\cdot t = \sqrt{2}I\sin\omega\cdot t \tag{2.67}$$

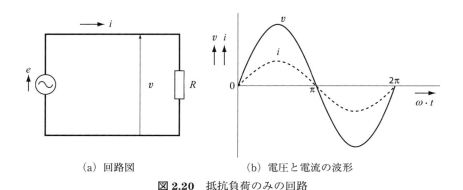

（a）回路図　　　　　　　（b）電圧と電流の波形

図 2.20　抵抗負荷のみの回路

ii）コイルと交流

　コイルには一般に抵抗がほとんどないが，交流電圧を加えると，コイルは電流の流れを妨げるとともに，電流の位相を電圧よりも $\dfrac{\pi}{2}$〔rad〕遅らせる働きをする。このような働きをコイルの誘導性リアクタンスといい，単位には〔Ω〕（オーム）が用いられる。

　図 2.21（a）のように，自己インダクタンス L〔H〕のみの回路に正弦波交流電圧 v〔V〕を加えたとき，電圧及び電流の実効値をそれぞれ V〔V〕及び I〔A〕，電源の周波数及び角周波数をそれぞれ f〔Hz〕及び ω〔rad/s〕，誘導性

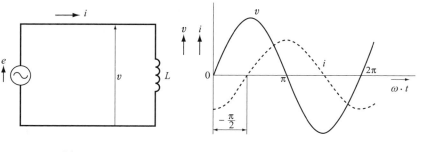

（a）回路図　　　　　　　（b）電圧と電流の波形

図 2.21　インダクタンス負荷のみの回路

リアクタンスを X_L 〔Ω〕とすれば，次式が成立する。

$$I = \frac{V}{X_L} \text{〔A〕 または } V = X_L \cdot I \text{〔V〕} \tag{2.68}$$

ただし，

$$X_L = \omega \cdot L = 2\pi f \cdot L \tag{2.69}$$

図 2.21（b）に電圧及び電流の波形を示す。すなわち，正弦波交流電圧 $v = \sqrt{2}V\sin\omega \cdot t$ 〔V〕をコイルに加えると，電流の位相は電圧よりも $\frac{\pi}{2}$ 〔rad〕遅れるので，次式に示すような電流 i〔A〕が流れる。

$$i = \sqrt{2}\,\frac{V}{\omega \cdot L}\sin\left(\omega \cdot t - \frac{\pi}{2}\right) = \sqrt{2}I\sin\left(\omega \cdot t - \frac{\pi}{2}\right) \tag{2.70}$$

iii）コンデンサと交流

　コンデンサは抵抗と同様に電流の流れを妨げるとともに，電流の位相を電圧よりも $\frac{\pi}{2}$ 〔rad〕進ませる働きをする。このような働きをコンデンサの容量性リアクタンスといい，単位には〔Ω〕が用いられる。

　図 2.22（a）のように，静電容量 C〔F〕のみの回路に正弦波交流電圧 v〔V〕を加えたとき，電圧及び電流の実効値をそれぞれ V〔V〕及び I〔A〕，電源の周波数及び角周波数をそれぞれ f〔Hz〕及び ω〔rad/s〕，容量性リアクタンスを X_C〔Ω〕とすれば，次式が成立する。

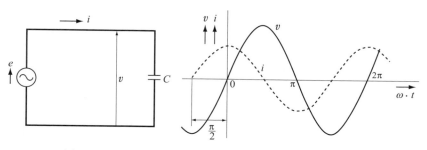

（a）回路図　　　　　（b）電圧と電流の波形

図 2.22　コンデンサ負荷のみの回路

$$I = \frac{V}{X_C} \text{ [A]} \quad \text{または} \quad V = X_C \cdot I \text{ [V]} \tag{2.71}$$

ただし,

$$X_C = \frac{1}{\omega \cdot C} = \frac{1}{2\pi f \cdot C} \tag{2.72}$$

図 2.22（b）に電圧及び電流の波形を示す。すなわち,正弦波交流電圧 $v = \sqrt{2}V \sin \omega \cdot t$ [V] をコンデンサに加えると,電流の位相は電圧よりも $\frac{\pi}{2}$ [rad] 進むので,次式に示すような電流 i [A] が流れる。

$$i = \sqrt{2}\omega \cdot C \cdot V \sin\left(\omega \cdot t + \frac{\pi}{2}\right) = \sqrt{2}I \sin\left(\omega \cdot t + \frac{\pi}{2}\right) \quad \text{[A]} \tag{2.73}$$

（イ）直列回路とインピーダンス

図 2.23（a）のように,抵抗とコイルの直列接続から成る負荷に正弦波交流電圧を加えると,電圧及び電流の波形は**図 2.23**（b）のようになる。

図 2.23（a）において,電圧及び電流の実効値をそれぞれ V [V] 及び I [A] とし,負荷の抵抗及び誘導性リアクタンスをそれぞれ R [Ω] 及び X_L [Ω] とする。

$$V = \sqrt{V_R^2 + V_L^2} = \sqrt{\left(R \cdot I\right)^2 + \left(X_L \cdot I\right)^2} = \sqrt{R^2 + X_L^2} \cdot I \tag{2.74}$$

交流回路において,負荷に加わる電圧を電流で割った値をインピーダンスと

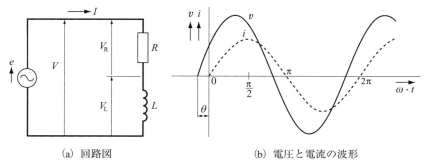

| (a) 回路図 | (b) 電圧と電流の波形 |

図 2.23 RL 直列回路

いい，その大きさ Z は次式で表される。

$$Z = \frac{V}{I} = \sqrt{R^2 + X_L^2} \tag{2.75}$$

（3）　交流回路の電力
（ア）交流電力

　交流電力 P〔W〕は，負荷が抵抗だけの場合は供給する電圧 V〔V〕と電流 I〔A〕が同相であるので，直流電力と同様に次式で求められる。

$$P = V \cdot I \tag{2.76}$$

　しかし，一般に交流回路の負荷は，**図2.24** のように抵抗とリアクタンスを含んでおり，供給する電圧 V と電流 I との間には位相差 θ が生ずる。この場合，実際に負荷で消費される電力は V と I の同相成分だけであり，図の関係を考慮すれば，交流電力 P〔W〕は次式で表される。

$$P = V \cos\theta \cdot I = V \cdot I \cos\theta \tag{2.77}$$

　この電力 P を有効電力といい，単位には〔W〕（ワット）が用いられる。また，電圧と電流の積 $V \cdot I$ は見かけの電力であって皮相電力 S と呼ばれ，単位には〔V・A〕（ボルトアンペア）が用いられる。一方，電力消費を伴わない V と I の直交成分，すなわち，無効分は無効電力 Q と呼ばれ，単位には〔var〕（バール）が用いられる。

　皮相電力及び無効電力は次式で表される。

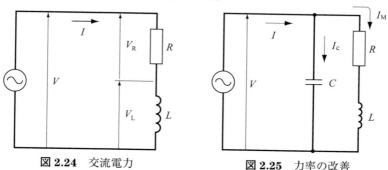

図2.24　交流電力　　　　　図2.25　力率の改善

$$S = V \cdot I \ [\mathrm{V \cdot A}] \tag{2.78}$$

$$Q = V \sin \theta \cdot I = V \cdot I \sin \theta \ [\mathrm{var}] \tag{2.79}$$

また，皮相電力に対する有効電力の比を力率といい，次式で表される。

$$力率 = \frac{P}{S} = \frac{V \cdot I \cos \theta}{V \cdot I} = \cos \theta \tag{2.80}$$

（イ）力率の改善

力率の低い機器を多く使用すると無効電力が増し，無効電流が増加して不経済になる。図 **2.25** に示すように進相コンデンサを機器に並列に接続すれば，供給する電圧・電流間の位相差が小さくなって力率 $\cos \theta$ が改善される。

（4）　三相交流

三相交流は，電力の発生，輸送，消費のあらゆる分野で広く用いられている。三相交流は，単相交流に比べ，同一容量における電力輸送の損失が少なく，また，機器が小型化できるなど，省エネルギーにつながる優れた特徴をもっている。

（ア）三相交流の発生

図 **2.26** （a）は三相交流発電機の原理を示す。磁界中に3個の同形コイルをたがいに $2\pi/3$ 〔rad〕ずつずらして配置した三相巻線を，逆時計回りに角速度

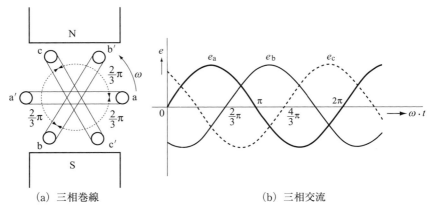

(a) 三相巻線　　　　　　　　　　(b) 三相交流

図 2.26　三相交流の発生

ω〔rad/s〕で回転させると，**図2.26**（b）のように，各コイルには大きさが等しくたがいに $2\pi/3$〔rad〕に位相差をもつ交流起電力 e_a, e_b, e_c〔V〕が発生する。コイル aa′ に発生する起電力を基準にとり，その実効値を E〔V〕とすれば，これらの起電力は次式のように表せる。

$$e_a = \sqrt{2}E \sin \omega \cdot t, \; e_b = \sqrt{2}E \sin\left(\omega \cdot t - \frac{2\pi}{3}\right), \; e_c = \sqrt{2}E \sin\left(\omega \cdot t - \frac{4\pi}{3}\right) \quad (2.81)$$

$$e_a + e_b + e_c = 0 \quad (2.82)$$

大きさが等しく，たがいに $2\pi/3$〔rad〕に位相差をもつ三相起電力を対称三相交流起電力といい，これから取り出した交流を対称三相交流という。

（イ）三相交流回路

三相交流の電源と負荷の結線法には Y 結線（スター結線）と△結線（三角結線）とがある。Y 結線は星形結線とも呼ばれる。ここでは電源及び負荷とも三相が対称である場合について考察する。

ⅰ）Y 結線

図2.27（b）は電源及び負荷をともに Y 結線とした回路（Y−Y 回路）を示す。この回路の電圧及び電流の関係を求めるときは，**図2.27**（a）のように各相ごとに分解して考える。

負荷の各相に加わる電圧 V_a, V_b, V_c は相電圧である。

図2.27（b）における電圧 V_{ab}, V_{bc}, V_{ca} をそれぞれ線間電圧という。また，電源と負荷とを接続する各線に流れる電流を線電流という。Y−Y 回路では各線間電圧は $\sqrt{3} \times$（相電圧）に等しく，また，線電流は相電流に等しい。

ⅱ）△結線

図2.28（b）は電源及び負荷を共に△結線とした回路（△−△回路）を示す。この回路の電圧及び電流の関係を求めるときは，**図2.28**（a）に示すように，各相を独立した回路として考えることができる。

△−△回路では各線間電圧は相電圧に等しく，また，線電流は $\sqrt{3} \times$（相電流）に等しい。

（ウ）三相交流電力

三相電力は各相電力の和で表される。各相電圧を V_p〔V〕，各相電流を I_p

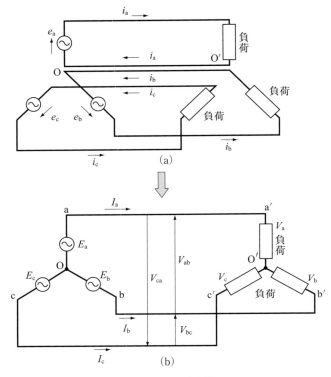

図 2.27 星形結線

〔A〕, 相電圧と相電流の位相差を θ 〔rad〕とすれば, 各相電力 P_p 〔W〕は式 (2.77) により $P_\mathrm{p} = V_\mathrm{p} \cdot I_\mathrm{p} \cos \theta$ となる。よって, 三相電力 P 〔W〕は次式で表される。

$$P = 3 P_\mathrm{p} = 3 V_\mathrm{p} \cdot I_\mathrm{p} \cos \theta \tag{2.83}$$

線間電圧を V_1 〔V〕, 線電流を I_1 〔A〕とすれば, Y−Y回路では $V_1 = \sqrt{3} V_\mathrm{p}$, $I_1 = I_\mathrm{p}$ であり, △−△回路では $V_1 = V_\mathrm{p}$, $I_1 = \sqrt{3} I_\mathrm{p}$ となる。これらの関係を式 (2.83) に代入して三相電力 P 〔W〕を V_1 及び I_1 の関係式で表せば, Y−Y回路あるいは△−△回路のいずれであっても次のようになる。

$$P = 3 P_\mathrm{p} = \sqrt{3} V_1 \cdot I_1 \cos \theta \tag{2.84}$$

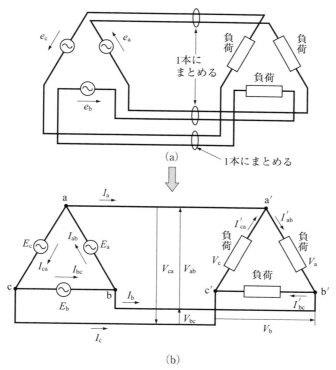

図 **2.28**　三角結線

また，皮相電力 S〔V・A〕及び無効電力 Q〔var〕は次式で表される。

$$S = \sqrt{3}\, V_1 \cdot I_1$$
$$Q = \sqrt{3}\, V_1 \cdot I_1 \sin\theta$$

[**例題　3.2**]

> 次の文章の $\boxed{\text{A}\ \text{a.b}}$ に当てはまる数値を計算し，その結果を答えよ。
>
> 抵抗 $6\,\Omega$，リアクタンス $8\,\Omega$ を直列に接続した単相負荷がある。この負荷に交流 $200\,\text{V}$ の電圧を加えたときに，この負荷で消費される電力は $\boxed{\text{A}\ \text{a.b}}$〔kW〕である。

【解 答】

A － 2.4

【解 説】

負荷の抵抗を R〔Ω〕，リアクタンスを X〔Ω〕とすると，この負荷の合成インピーダンス Z〔Ω〕は次式で求められ，$R = 6$，$X = 8$ を代入して

$$Z = \sqrt{R^2 + X^2} = \sqrt{6^2 + 8^2} = 10\,\Omega$$

となる。

この負荷に交流電圧 V〔V〕を加えたとき，流れる電流 I〔A〕は次式で求められる。

$$I = \frac{V}{Z}$$

また負荷で消費される電力 P〔W〕は次式で求められる。

$$P = I^2 R$$

この式から

$$P = \left(\frac{V}{Z}\right)^2 \times R$$

となり，$V = 200$，$Z = 10$，$R = 6$ を代入して

$$P = \left(\frac{200}{10}\right)^2 \times 6 = 2\,400 \quad \text{W} \rightarrow 2.4\,\text{kW}$$

が得られる。

2.2 判断基準に関連する管理技術

「工場等におけるエネルギーの使用の合理化に関する事業者の判断の基準」（以下「工場等判断基準」という）は，「エネルギーの使用の合理化及び非化石エネルギーへの転換等に関する法律」（以下「省エネ法」という）第5条に基づき，工場等においてエネルギーの使用の合理化（省エネルギー）の実施を図

るための判断の基準（ガイドライン）として定められたものである。工場等判断基準は，「Ⅰ　エネルギーの使用の合理化の基準」（以下「基準部分」という）と，「Ⅱ　エネルギーの合理化の目標及び計画的に取り組むべき措置」（以下「目標及び措置部分」という）に分かれている。

　「基準部分」のうち「2－1　専ら事務所その他これに類する用途に供する工場等におけるエネルギーの使用の合理化に関する事項」を「2－1 基準部分（事務所）」と，「2－2　工場等（2－1に該当するものを除く）におけるエネルギーの使用の合理化に関する事項」を「2－2　基準部分（工場）」と表記する。

　また，「目標及び措置部分」中の「1 エネルギー消費設備に関する事項」のうち「1－1　専ら事務所その他これに類する用途に供する工場等におけるエネルギーの使用の合理化の目標及び計画的に取り組むべき措置」を「1－1 目標及び措置部分（事務所）」と，「1－2　工場等（1－1に該当するものを除く）におけるエネルギーの使用の合理化の目標及び計画的に取り組むべき措置」を「1－2　目標及び措置部分（工場）」と表記する。

　「工場等判断基準」の構成を**図2.29**に示した。以下の説明は主として「基準部分（工場）」及び「目標及び措置部分（工場）」を対象として説明する。

　Ⅰ　基準部分（工場）

　基準部分（工場）は，次の6分野ごとに製造業等の工場等で遵守すべき基準を示したものである。なお，6分野のうち，4分野はそれぞれ2つの細分野に分けられている。

　（1）燃料の燃焼の合理化

　（2）加熱及び冷却並びに伝熱の合理化

　　　（2－1）加熱設備等

　　　（2－2）空気調和設備，給湯設備（2－2）－2に該当するものを除く。）

　　　（2－2）－2　太陽熱利用機器等

　（3）廃熱の回収利用

　（4）熱の動力等への変換の合理化

　　　（4－1）蒸気駆動の動力設備

　　　（4－2）発電専用設備

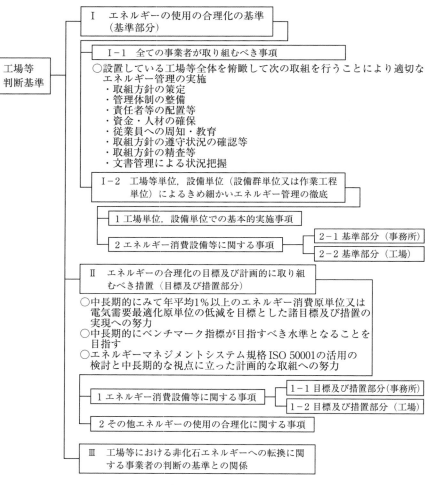

図 2.29　「工場等判断基準」の構成

　　（4－2）－2　太陽光発電設備等

　　（4－3）コージェネレーション設備

　（5）放射，伝導，抵抗等によるエネルギーの損失の防止

　　（5－1）放射，伝導等による熱の損失の防止

　　（5－2）抵抗等による電気の損失の防止

（6）電気の動力，熱等への変換の合理化

　（6－1）電動力応用設備，電気加熱設備等

　（6－2）照明設備，昇降機，事務用機器，民生機器

　これらの6分野に対して，「管理・基準」，「計測・記録」，「保守・点検」，「新設・更新に当たっての措置」の4項目について遵守内容が定められている。その概要を**表2.4**に示す。

　なお，以下の⬚⬚⬚⬚⬚内の文章は，工場等判断基準の規定内容であり，タイトルに判断基準の項目番号を記載している。

　また，⬚⬚⬚⬚⬚内文章の用語は，本文で使用している用語に統一した。

表2.4　6分野に関する4項目の遵守内容

①　管理・基準
　　特性・機能などに応じ運用管理項目を決め，
　　管理値，標準値などを設定し，運転を管理する。
②　計測・記録
　　計測記録事項を決め，定期的な計測を行い，
　　その結果を記録する。
③　保守・点検
　　効率改善に必要な保守点検事項を決め，
　　定期的に保守点検を実施する。
④　新設・更新に当たっての措置
　　設備の新規又は更新の判断基準と技術基準の明確化
　　を決めておく。
（以上の①から③については管理標準を定めると規定）

Ⅱ　目標及び措置部分（工場）

　工場等判断基準の中で「目標及び措置部分」では次のように定められている。

　事業者は，上記Ⅰに掲げる諸基準を遵守するとともに，その設置している工場等におけるエネルギー消費原単位及び電気の需要の最適化に資する措置を評価したエネルギー消費原単位（以下「電気需要最適化評価原単位」という。）を管理し，その設置している工場等全体として又は工場等ごとにエネルギー消

費原単位又は電気需要最適化評価原単位を中長期的にみて年平均1パーセント以上低減させること，又はベンチマーク指標が目指すべき水準となることを目標として，技術的かつ経済的に可能な範囲内で，1及び2に掲げる諸目標及び措置の実現に努めるものとする。

1 エネルギー消費設備等に関する事項　略

2 その他エネルギーの使用の合理化に関する事項　略

Ⅲ 工場等における非化石エネルギーへの転換に関する事業者の判断の基準との関係　略

2.2.1　燃料及び燃焼管理

（1）　燃料

燃料は，空気の存在のもとで容易に燃焼し，その燃焼熱を経済的に利用できる物質をいうが，その形態により気体燃料，液体燃料，固体燃料と大別できる。省エネ法では，燃料とは，石油，可燃性天然ガス，石炭などの天然資源からの燃料（化石燃料）を意味する。

（ア）気体燃料

気体燃料は常温・常圧下で気体状態にある燃料であり，天然に産出される天然ガスと，他の固体・液体燃料の分解により製造される製造ガスに分類される。

一般に用いられる主な気体燃料の種類と性状を**表2.5**に示す。

表2.5　気体燃料の性質

市販品の例

種　類	プロパン	ブタン	都市ガス 13A	都市ガス 6B
分子式	C_3H_8	C_4H_{10}	—	—
密度〔kg/m³_N〕	2.03	2.54	0.85	0.76
比重（空気＝1）	1.56	2.05	0.66	0.61
高発熱量〔MJ/m³_N〕	105.2	130.8	46.05	20.93
低発熱量〔MJ/m³_N〕	97.01	121.0	41.66	18.63
理論空気量〔m³_N/m³_N〕	23.8	30.0	11.0	4.6
爆発範囲〔%〕	2.2～7.3	1.9～8.5	4.3～14.4	5.6～31.3

　なお，気体燃料は温度と圧力によってその体積が変わるため，消費量は一般に 0 ℃，101.325 kPa（1 気圧）状態に換算して表すことが多い。消費量の単位に付される添字 N（ノルマル）はこのような標準状態であることを示す。また，一般に発熱量は $1\,m^3_N$ のガスが保有する熱量を表す。

　気体燃料の特徴は次のとおりである。

• 長　所

①　固体，液体燃料と比べた場合，過剰空気量が少なくても完全燃焼し，安定燃焼が容易で，燃焼効率も高い。

②　燃焼用空気だけでなく燃料自体を予熱できるため，比較的低発熱量の燃料でも高温が得られる。

③　点火及び消火が容易で，かつ，燃料と空気の混合割合も任意に調節できる。さらに自動制御や集中加熱，均一加熱のような温度制御または炉内雰囲気調節も比較的しやすい。

④　灰分を含まず，硫黄分が非常に少ないため大気汚染が少なく，また，二酸化炭素発生量も少ない。

• 短　所

①　液体燃料と比べた場合，単位熱量当たりの体積が大きく輸送や貯蔵が不便である。また，貯蔵用にガスタンクが必要となり施設費が掛かる。

②　漏えいしやすいので爆発の危険が大きく，安全管理に万全な注意を要する。

（イ）液体燃料

　液体燃料は常温・常圧下で液体状態の燃料をいう。液体燃料は，油田から産出した原油を蒸留，接触改質，分解（接触分解，水素化分解など），アルキル化，精製などの過程を経て，製造されている。

　一般に用いられる主な液体燃料の種類と性状を**表 2.6** に示す。

　なお，液体燃料は温度により体積が変化するため，体積で表すときには 15 ℃に換算した値を用いる。このため，比重は 15 ℃における値が示されている。

　液体燃料の特徴は次のとおりである。

• 長　所

表2.6　液体燃料の性質

市販品の例

種　別		C重油	B重油	A重油	灯　油
比重（15/4〔℃〕）		0.93	0.89	0.86	0.80
化　学 成　分 〔wt%〕	C	85.83	86.00	86.58	86.70
	H	10.48	11.34	11.83	13.00
	O	0.48	0.36	0.70	—
	N	0.29	0.18	0.03	—
	S	2.85	2.10	0.85	0.004
高発熱量	〔MJ/kg〕	43.29	44.96	45.41	46.10
	〔MJ/L〕	40.26	40.03	39.05	36.88
低発熱量	〔MJ/kg〕	40.92	42.40	42.73	43.15
	〔MJ/L〕	38.06	37.74	36.75	34.52
引火点〔℃〕		70	60	60	40
理論空気量〔m^3_N/kg〕		10.4	10.7	10.9	11.2

① 固体燃料と比べて発熱量が高く，都市ガスと比べて発熱量当たりの価格が安い。

② 固体燃料と比べて燃焼効率が高く，燃焼が容易で，自動制御も容易である。

③ 他の燃料と比べて貯蔵，運搬が容易で，貯蔵中の変質が少ない。

④ 石炭と比べて灰分が少ない。

● 短　所

① 燃焼温度が高いため局部過熱を起こしやすい。

② 重質油では高硫黄分のものが多く，大気汚染の原因となりやすい。

（ウ）固体燃料

　固体燃料は，固体の状態で使用される燃料であり，石炭，亜炭，泥炭，木材などの天然物，及びこれらを乾留して製造したコークス，半成コークス，亜炭コークス，木炭などで，大部分が工場で使用される。石炭の一般性状を**表2.7**に示す。

　コークスは，粘結炭を主成分とする原料用炭を1 000℃前後の高温度で乾留して得られるもので，主として製鉄用及び鋳物用に使用される。コークスの主成分は炭素で，石炭に比べて火力が強く，ばい煙が出ないなどの利点がある。

（エ）燃料の発熱量

　各燃料とも主成分はいずれも炭素Cと水素Hであり，その他に少量の酸素

表 2.7　石炭の性質

	亜炭・褐炭	れき青炭	無　煙　炭
真比重	0.8　〜 1.5	1.2　〜 1.7	1.5　〜　1.8
見掛け比重	0.55 〜 0.75	0.75 〜 0.80	—
比熱〔kJ/(kg・K)〕	1.09 〜 1.17	1.01 〜 1.09	0.92 〜 1.01
熱伝導度〔W/(m・K)〕	—	0.140〜0.337	—
着火点〔K〕	523〜573	573 〜 673	673 〜 723
発熱量〔kJ/純炭kg〕	23 023 〜 31 395	31 395 〜 36 837	34 325 〜 35 581

出所）機械工学便覧A6

O，硫黄 S，窒素 N が含まれているが，燃焼によって発生する熱はほとんど炭素と水素の燃焼熱である。

　燃料の発熱量は，燃料の単位量が完全燃焼する際に発生する熱量であり，固体燃料，液体燃料では〔MJ/kg〕，気体燃料では〔MJ/m^3_N〕の単位で表す。

　燃料に水素が含まれていると，燃焼により生成した水蒸気が燃焼ガス中に含まれる。水蒸気は冷却すると液体（水）になるが，このとき凝縮潜熱を発生する。高発熱量は，燃焼ガス中の水蒸気が水になるときの凝縮潜熱を含めた発熱量であり，低発熱量は，高発熱量から水蒸気の潜熱を引いたもので水蒸気のまま排出される場合の発熱量である。

　実際の燃焼装置では，排ガス中の水蒸気は凝縮せずそのまま排出されていることが多い。このため燃焼装置の性能を評価する場合には低発熱量を使用することが多い。

（オ）燃料管理

　燃料管理では爆発・火災に対する安全対策が何よりも優先するが，次いで良好な燃焼状態を得られるよう燃料を保管すること，燃料取扱いに必要なエネルギーの節減を図ることが必要である。

　基準部分（工場）Ｉ2－2(1)①

　エ．燃料を燃焼する場合には，燃料の粒度，水分，粘度等の性状に応じて，
　　燃焼効率が高くなるよう運転条件に関する管理標準を設定し，適切に運転

すること。

（2）　燃　焼

（ア）燃焼計算

理論空気量は，燃料を完全燃焼させるのに理論上必要な空気量である。理論空気量は，燃料に含まれる各元素の質量割合がわかれば計算できる。一般に使用される燃料の理論空気量を**表2.8**に示す。

表2.8　理論空気量と空気比の例

燃料の種類		理論空気量	空気比
液体燃料	重　　　油	$10.4\sim10.9$〔m^3_N/kg〕	$1.05\sim$ 1.5
	軽　　　油	11.2	
	灯　　　油	11.2	
	ガ ソ リ ン	11.6	
気体燃料	都市ガス(13A)	11.0	$1.05\sim$ 1.45
	プロパンガス	23.8	
	ブ タ ン ガ ス	30.0	

実際の燃焼では供給した空気中の酸素をすべて利用することは不可能であり，理論空気量だけを供給した場合には不完全燃焼を起こすことになる。したがって，燃料の燃焼熱を完全に利用するためには，理論空気量より少し多めの空気を供給して完全燃焼を達成することが必要になる。

供給空気量が理論空気量よりどれくらい多めであるかを判断する指標として空気比が使われる。空気比は「供給空気量／理論空気量」で表される。空気比は，不完全燃焼を起こさない程度の最小値にするのが望ましいが，最適な空気比は使用する燃料の種類や燃焼室の形状によって異なる。燃料の種類ごとの概略の空気比は**表2.8**のとおりである。

基準部分（工場）Ⅰ2-2(1)①
ア．燃料の燃焼の管理は，燃料の燃焼を行う設備（以下「燃焼設備」という。）及び使用する燃料の種類に応じて，空気比についての管理標準を設定して行うこと。
イ．ア．の管理標準は，別表第1(A)に掲げる空気比の値を基準として空気比を低下させるように設定すること。
目標及び措置部分（工場）Ⅱ1-2(1)
ア．別表第1(B)の空気比の値を目標として空気比を低下させるよう努めること。

燃焼によって発生した燃焼ガス量は，C，H，Sの各可燃元素の燃焼によって生成されるCO_2，H_2O，SO_2のガス量に，空気中の窒素量及び多めに送っ

た酸素量を加えた合計となる。

理論空気量 A_0 で燃料を燃焼させたときの燃焼ガス量は燃料の種類のみで決まり，理論燃焼ガス量と呼ばれ，実際の燃焼で発生する燃焼ガス量 G は，理論燃焼ガス量 G_0 に，過剰に供給している空気量 $(A - A_0)$ を加えたものになる。ここで A は供給空気量である。

空気比を α とすると，$A = \alpha \cdot A_0$ であるから，過剰空気量は $A - A_0 = (\alpha - 1) \cdot A_0$ となり，実際の燃焼ガス量は次式で求められる。

$$G = G_0 + A - A_0 = G_0 + (\alpha - 1) \cdot A_0 \tag{2.85}$$

理論空気量 A_0 及び理論燃焼ガス量 G_0 は燃料の種類のみによって決まるため，燃焼ガス量 G と空気比 α とは直線関係にある。

空気比を求めるには，排ガス分析により乾き排ガス中の酸素濃度（体積割合）O_2〔％〕を測定し，燃焼計算に基づく解析式により算出するが，次の近似式で概略の値を知ることができる。

$$\alpha = \frac{21}{21 - O_2} \tag{2.86}$$

（イ）燃焼装置

燃料のもつエネルギーをすべて取り出すには，十分な空気を供給し未燃分を発生させないように完全燃焼させることが必要となる。しかし，供給空気量が多過ぎる場合には，完全燃焼は達成できても燃焼ガス量も多くなるため，煙突から排出されるガスによる熱損失が多くなる。このため，バーナなどの燃焼機器では未燃分を発生しない程度の最小の空気量で燃料を完全燃焼させることが重要になる。

目標及び措置部分（工場）Ⅱ 1 - 2(1)
イ．空気比の管理標準に従い空気比を管理できるようにするため，燃焼制御装置を設けるよう検討すること。
ウ．バーナーの新設・更新にあたり，リジェネレイティブバーナー等の熱交換器と一体となったバーナーを採用することにより熱効率の向上が可能な場合には，これらの採用を検討すること。
基準部分（工場）Ⅰ 2 - 2(1)④
ウ．燃焼設備を新設・更新する場合には，通風装置は，通風量及び燃焼室内

の圧力を調整できるものを採用すること。

（3）　燃焼管理と省エネルギー

（ア）バーナの選定

　ボイラや加熱炉で使用されるバーナは，最大負荷時を基準にして設置されているが，常に最大負荷で運転されているとは限らない。オン・オフ制御のバーナの場合，低負荷時にバーナをオン・オフさせて加熱量を調節するが，オン・オフの回数が多くなるとバーナ停止時の放熱損失が増加し，点火と消火を繰り返すためバーナに対して好ましくない影響を与える。また，燃焼量を調整できるバーナの場合，一般に低負荷運転では燃料の圧力が下がり，バーナの燃料霧化が悪くなるとともに供給空気の速度も下がり，燃料と空気の混合が十分に行われず燃焼状態が悪くなる。**図2.30** に示すように燃焼負荷が少ないときは，定格燃焼負荷で運転しているときに比べて，かなり大きめの空気比にしないと不完全燃焼を起こすことになる。負荷が変動する場合，負荷に応じて適正なバーナを使用することを検討する必要がある。

（イ）バーナの管理

　液体燃料を燃焼させるには燃料を霧化し，微小液滴として空気と混合する。しかし，バーナの手入れが悪いとバーナチップの噴射口付近にカーボンが付着し，噴射される液滴の径が大きくなる。このため不完全燃焼を起こし，あるいは，液滴分布が不均一になり空気不足の場所ができる。比較的多めの空気を供給してもすすが発生する場合には，バーナチップの噴射口を調べる必要がある。

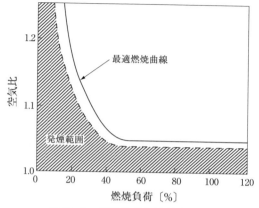

図 2.30　燃焼負荷と適正空気比

（ウ）空気比の調整

　排ガス損失を少なくするためには供給空気量を少なくして空気比をできるだけ小さくすればよいが，小さくし過ぎると不完全燃焼を起こし燃料中の可燃分が十分に燃焼しないまま排出され，未燃分による損失が増えることになる。したがって，排ガス損失を最小にするには排ガス顕熱による損失と未燃分による損失の合計が最小になるような空気量を選べばよいことになる。この関係を図で示すと**図 2.31** のようになり，排ガス顕熱は空気比にほぼ比例して大きくなり，未燃分は空気比 1（理論空気量）付近以下で急激に増加するため，これらを合計した排ガスの全損失はある空気比で最小となる（**図 2.31** の M 点）。このようにして決めた空気比はその燃焼装置に対する最適な空気比であるが，この値は燃焼室の形状やバーナの形式によって異なる。

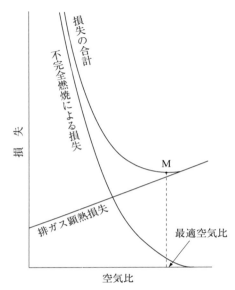

図 2.31　最適空気比

（エ）複数の燃焼装置の管理

基準部分（工場）Ｉ2 - 2(1)①
　ウ．複数の燃焼設備を使用するときは，燃焼設備全体としての熱効率（投入
　　熱量のうち対象物の付加価値を高めるために使われた熱量の割合をいう。
　　以下同じ。）が高くなるように管理標準を設定し，それぞれの燃焼設備の燃
　　焼負荷を調整すること。

（オ）計測・記録

基準部分（工場）Ｉ2 - 2(1)②
　燃焼設備ごとに，燃料の供給量，燃焼に伴う排ガスの温度，排ガス中の残
存酸素量その他の燃料の燃焼状態の把握及び改善に必要な事項の計測及び記
録に関する管理標準を設定し，これに基づきこれらの事項を定期的に計測し，
その結果を記録すること。
目標及び措置部分（工場）Ⅱ1 - 2(1)
　エ．燃焼設備ごとに，燃料の供給量，燃焼に伴う排ガス温度，排ガス中の残

存酸素量その他の燃料の燃焼状態の把握及び改善に必要な事項を計測及び制御すること等により，的確な燃焼管理を行うことを検討すること。

［例題　3.3］

次の文章の $\boxed{A|a.b}$ に当てはまる数値を計算し，その結果を答えよ。

ある都市ガス燃焼ボイラにおいて，乾き排ガス中の酸素濃度（体積割合）が2.3％であった。このボイラにおいて燃料が完全燃焼しているものとすると，概略の空気比は $\boxed{A|a.b}$ である。

【解　答】

　A　1.1

【解　説】

　空気比 α は，燃焼に当たって実際に投入する空気量 A と理論空気量 A_0 との比であり，燃焼ガスの分析から乾き排ガス中の酸素濃度 (O_2) 〔体積％〕を知ることにより，次の簡易式で求めることができ，$(O_2) = 2.3$ を代入すると

$$\alpha = \frac{A}{A_0} = \frac{21}{21 - (O_2)} = \frac{21}{21 - 2.3} = 1.12 \rightarrow 1.1$$

が得られる。

2.2.2　蒸　気

（1）　蒸気の性質

（ア）蒸気の発生

　水を圧力一定のもとで加熱すると加熱量に応じて温度が上昇するが，ある温度に到達するとそれ以上温度は上昇せず，沸騰が始まって蒸気（水蒸気）が発生するようになる。この状態では加えた熱量はすべて蒸気の発生に利用されるが，このような熱量を蒸発潜熱と呼んでいる。蒸気の体積は液体の体積に比べ

て著しく大きいため，蒸気が発生し始めると全体の体積は急激に増加するようになる。

　飽和温度は，温度上昇が停止し蒸気が発生し始める温度であるが，この温度は圧力によって変化し圧力が高いほど高くなる。蒸気の発生が始まった直後では飽和温度の水と蒸気が共存するが，これらをそれぞれ飽和水，乾き飽和蒸気と呼び，湿り蒸気は，飽和水と乾き飽和蒸気の混合した状態である。

　湿り蒸気を加熱し続けると飽和水は徐々に減少し蒸気の発生量が増加を続け，ついには全体が蒸気の状態となる。いいかえれば，乾き飽和蒸気は全体が飽和温度の蒸気となった状態であり，単に飽和蒸気とも呼ばれる。

　乾き飽和蒸気をさらに加熱すると蒸気の温度は再び上昇し始め，温度が飽和温度以上の蒸気となるが，このような蒸気を過熱蒸気と呼ぶ。

（イ）乾き度と湿り度

　湿り蒸気では乾き飽和蒸気と飽和水が共存しているが，それぞれの混合割合によって湿り蒸気の性質が大きく異なる。乾き度は，湿り蒸気に含まれる乾き飽和蒸気の質量割合でxで表す。湿り蒸気中の飽和水の質量割合，すなわち$(1-x)$を湿り度と呼ぶこともある。

（2）　蒸気表と蒸気線図

　一般に蒸気の状態変化の計算には蒸気表または蒸気線図を用いるのが便利である。蒸気表では，それぞれの圧力における飽和温度，比体積，比エンタルピーなどの値が表の形で示されている。

　比較的簡便に蒸気の状態変化を知りたい場合には，各種の蒸気線図が用いられる。熱機関の作動流体として用いられる蒸気については$h-s$線図（h：比エンタルピー，s：比エントロピー），冷凍サイクルの蒸気については$P-h$（P：圧力）線図がよく用いられる。

　蒸気加熱では主に蒸発潜熱が利用されるが，使用される蒸気は湿り蒸気であることが多い。前述のように湿り蒸気に含まれる乾き飽和蒸気の質量割合を乾き度と呼ぶが，効率の良い蒸気加熱を行うには，この乾き度を適度に高いレベルに維持する必要がある。

（3） 湿り空気

空気中には水蒸気が含まれており，その量は条件により大きく変化する。このため，空気調和や乾燥工程では空気中の水蒸気まで含めて考える必要がある。空気中の水蒸気まで含めて考えるとき，その空気を湿り空気と呼ぶ。また，空気中の水蒸気量は大きく変化するため，水蒸気をまったく含まない空気すなわち乾き空気と水蒸気の混合物として扱う。

$$湿り空気 = 乾き空気 + 水蒸気 \tag{2.87}$$

理想気体の混合物に対してダルトンの法則が成り立つため，湿り空気の圧力には次のような関係がある。

$$湿り空気の圧力(P) = 乾き空気の分圧(P_a) + 水蒸気の分圧(P_w) \tag{2.88}$$

2.2.3 ボイラ

ボイラは，蒸気（水蒸気）または温水を供給するために水を加熱する装置である。蒸気を供給するボイラを蒸気ボイラ，温水を供給するボイラを温水ボイラという。

（1） ボイラの構成

ボイラは，①水及び蒸気を入れる圧力容器（ボイラ本体），②燃料を燃焼させる燃焼装置，及び燃焼熱を発生させる空間部分すなわち火炉（燃焼室），③付属装置から構成されている。

（2） ボイラの容量と効率
（ア）ボイラの容量

ボイラの容量（大きさ）は，一般に定格容量で表される。定格容量は，ボイラの連続最大負荷において単位時間に発生する蒸気量，すなわち毎時蒸発量 W〔t/h〕で表される。しかし，ボイラの蒸発量は，蒸気の温度，圧力によって異なるばかりでなく，給水温度によっても異なるので，換算蒸発量（相当蒸

発量）を用いることもある。これは，標準大気圧のもとで，100℃の飽和水を100℃の飽和蒸気にする場合の蒸発量に換算して表す方法である。いま，給水及び発生蒸気の比エンタルピーをそれぞれ h_0 及び h_1〔kJ/kg〕，ボイラの蒸発量を W〔t/h〕とすると，換算蒸発量 W'〔t/h〕は，

$$W' = \frac{W \cdot (h_1 - h_0)}{2\,257} \tag{2.89}$$

で表される。この 2 257 kJ/kg は標準大気圧での蒸発潜熱である。

（参考）基準部分（事務所）Ⅰ 2 - 1(2)④
ウ．ボイラー設備を新設・更新する場合には，次に掲げる事項等の措置を講じることにより，エネルギーの効率的利用を実施すること。
（ア）エコノマイザー等を搭載した高効率なボイラー設備を採用すること。
（イ）配管経路の短縮，配管の断熱等に配慮したエネルギーの損失の少ない設備を採用すること。

（イ）ボイラ効率

　ボイラ効率は，投入した燃料の熱量が，いかに蒸気の発生に有効利用されたかを示す比率で，蒸気発生に要した熱量を，消費した燃料が完全燃焼する際に発生する熱量で除した値で示される。燃料の燃焼熱量を算出する場合，ボイラの排ガス温度は大体100℃以上で，排ガス中の水分は水蒸気の状態になっているので，燃料の発熱量として低発熱量を使用することが多い。ボイラ効率の計算には二つの方法があり，入出熱法では，ボイラ効率を η_L とすると次式のように表される。

$$\eta_L = \frac{W \cdot (h_1 - h_0)}{G \cdot H_L} \times 100 \tag{2.90}$$

　ここで，ボイラの蒸発量を W〔kg/h〕，ボイラ入口給水及び出口蒸気比エンタルピーを h_0，及び h_1〔kJ/kg〕，燃料消費量を G〔kg/h〕，燃料の低発熱量を H_L〔kJ/kg〕とする。

　JIS B 8222 - 1993「陸用ボイラ－熱勘定方式」には，これ以外にボイラの熱損失を全部求めて間接的に効率を求める熱損失法も示されている。

（ウ）ボイラの熱損失

　ボイラに投入された熱量のうち，蒸気の発生に有効利用されなかった熱量，すなわち損失熱量を項目ごとに整理しておくことは，ボイラ効率を管理する上で重要なことである。

　ボイラの熱損失の主な項目として，以下のものがある。

　①　排ガス熱損失

　②　不完全燃焼による熱損失

　③　すす，燃えがらの未燃分による熱損失

　④　放散熱による熱損失

　⑤　その他の熱損失

（エ）熱勘定分析

　熱勘定分析は一定時間内に設備に供給された熱がいかに使用されて，その設備を出て行くか，その出入りの関係を算出するもので，これを図で表したものを熱勘定図という。ボイラの熱勘定図の例を**図 2.32** に示す。

　熱勘定分析を行うためには，供給熱として燃料の使用量，出力としてボイラから供給する蒸気の保有熱量，熱の損失としてボイラの炉壁外面温度，排ガス温度などの熱の損失状況を把握するための計測を行う必要がある。

　基準部分（工場）Ⅰ 2 - 2(5 - 1) ②

　　加熱等を行う設備ごとに，炉壁外面温度，被加熱物温度，廃ガス温度等熱の損失状況を把握するための事項及び熱の損失改善に必要な事項の計測及び記録に関する管理標準を設定し，これに基づきこれらの事項を定期的に計測し，その結果に基づく熱勘定等の分析を行い，その結果を記録すること。

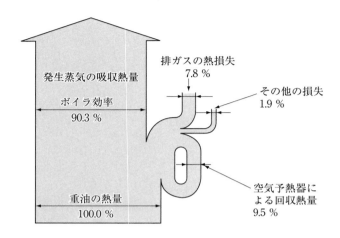

図 2.32 ボイラの熱勘定図の例

（3） ボイラの省エネルギー対策

（ア）燃焼管理

　燃焼管理では，ボイラ効率を上げると同時に，ばい煙などの大気汚染物質を少なくする注意が必要である。

　供給空気量が不足すると不完全燃焼が起こり未燃ガスやすすが発生して大きな損失となる。とくにボイラでは，すすが発生すると伝熱面に付着して伝熱量の低下をもたらすため，不完全燃焼を起こさないように注意しなければならない。

　したがって，不完全燃焼を起こさない程度の最小の空気比，すなわちそのボイラに対する最適空気比で燃焼することが必要になる。最適空気比かどうかを調べるには，一般にボイラ出口付近から排ガスを採取し，ガス分析を行うことにより 2.2.1（2）（ア）で述べた方法などにより空気比を計算する。空気比の管理は必須事項であり，定期的に計測を行い，その結果を記録分析することが必要である。

　低過剰空気の運転をすることは，排ガスによる熱損失を少なくするほかに，送風機の消費電力減少，燃焼ガスの酸露点温度低下，NOx の減少などの利点がある。

> （参考）基準部分（事務所）Ⅰ2－1(2)①
> ア．ボイラー設備は，ボイラーの容量及び使用する燃料の種類に応じて空気
> 　比についての管理標準を設定して行うこと。
> イ．ア．の管理標準は，別表第1(A)に掲げる空気比の値を基準として空気比
> 　を低下させるように設定すること。
> 目標及び措置部分（事務所）Ⅱ1－1(3)
> ア．ボイラーについては，別表第1（B）の空気比の値を目標として空気比を
> 　低下させるよう努めること。

（イ）運転方法の検討

　ボイラを連続運転しているときのボイラ効率はかなり高いが，蒸気使用量が少なくなりボイラを間欠運転するようになると，ボイラ効率は急激に低下する。ボイラの燃焼が停止しているときには，ボイラの外部からだけでなく内部からも冷却されるため，運転時間全体に対する燃焼停止時間の割合が大きくなるほどボイラ効率は低下することになる。また，燃焼停止時と燃焼開始時には大量の空気を送り込んで内部を換気するため，損失は非常に大きくなる。

　これらの損失を低減するためには，ボイラを連続運転できるように，蒸気使用量に合わせたボイラ容量を選択するとともに，蒸気使用側でも蒸気を平均的に使用するように心掛ける必要がある。蒸気使用量が大きく変化する場合には，小容量ボイラを複数台用意し，ボイラ設備全体の熱効率が高くなるように台数制御など負荷調整する。

> 基準部分（工場）Ⅰ2－2(1)①
> ウ．複数の燃焼設備を使用するときは，燃焼設備全体としての熱効率（投入
> 　熱量のうち対象物の付加価値を高めるために使われた熱量の割合をいう。
> 　以下同じ。）が高くなるように管理標準を設定し，それぞれの燃焼設備の燃
> 　焼負荷を調整すること。
> （参考）基準部分（事務所）Ⅰ2－1(2)①
> オ．複数のボイラー設備を使用する場合は，総合的なエネルギー効率を向上
> 　させるように管理標準を設定し，適切な運転台数とすること。
> （参考）基準部分（事務所）Ⅰ2－1(2)④
> エ．負荷の変動が予想されるボイラー設備は，適切な台数分割を行い，台数

　制御により効率の高い運転が可能となるシステムを採用すること。

（ウ）設定圧力の見直し

　飽和蒸気の場合，蒸気温度は蒸気圧力によって決まるが，蒸気を加熱に利用するときには圧力が高いほど被加熱物との温度差が大きくなるため短時間で加熱でき，加熱に必要な伝熱面積も小さくてよい。しかし，圧力が高いほど蒸発潜熱が小さくなるため，同じ加熱量を得るために必要な蒸気量は圧力が高くなるほど多くなる。したがって，必要とする加熱温度が高いとき以外は，蒸気圧力をできるだけ低くした方がよい。

> 基準部分（工場）Ⅰ2-2(2-1)①
> 　ア．蒸気等の熱媒体を用いる加熱設備，冷却設備，乾燥設備，熱交換器等については，加熱及び冷却並びに伝熱（以下「加熱等」という。）に必要とされる熱媒体の温度，圧力及び量並びに供給される熱媒体の温度，圧力及び量について管理標準を設定し，熱媒体による熱量の過剰な供給をなくすこと。
> （参考）基準部分（事務所）Ⅰ2-1(2)①
> 　ウ．ボイラー設備は，蒸気等の圧力，温度及び運転時間に関する管理標準を設定し，適切に運転し過剰な蒸気等の供給及び燃料の供給をなくすこと。

（エ）給水管理

　ボイラへの給水のなかには種々の不純物が含まれているが，ボイラにおいて蒸気が発生するにつれてボイラ水中の不純物の濃度が高くなり，ある一定値を超えると蒸発管の内部にスケールが付着するようになる。スケールの熱伝導率は鋼管に比べてかなり小さいため，付着量が少なくても燃料使用量は増加することになる。また，不純物濃度が増加すると，次項で述べるボイラ水のブローが行われるため，熱損失が増える。そのため給水の水質管理が必要である。

> 基準部分（工場）Ⅰ2-2(2-1)①
> 　キ．ボイラーへの給水は，伝熱管へのスケールの付着及びスラッジ等の沈澱を防止するよう水質に関する管理標準を設定して行うこと。給水の水質の

管理は，日本産業規格 B 8223（ボイラーの給水及びボイラー水の水質）に
規定するところ（これに準ずる規格を含む。）により行うこと。

（オ）ブローの適正化

　給水管理を十分に行っても少量の不純物はボイラ内にもち込まれるため，蒸
気の発生に伴いボイラ内の冠水の不純物の濃度は上昇してしまう。そこで，ボ
イラ水の一部を排出することが必要になる。このような操作をブローと呼んで
いる。排出するボイラ水は高温の水であるため，ブローする量が多いとその分
だけ熱損失が増加する。

　ブロー水のもつ熱量をボイラの給水予熱に使用することにより損失熱を大幅
に低減することができる。

> 基準部分（工場）I 2 - 2(3)①
> エ．加熱された固体若しくは流体が有する顕熱，潜熱，圧力，可燃性成分等
> 　の回収利用は，回収を行う範囲について管理標準を設定して行うこと。

（カ）保全管理

　ボイラの蒸発管にすすが付着すると，燃焼ガスから水への伝熱が悪くなるた
め熱効率が低下する。すすの熱伝導率は保温材と同じくらい小さいため，少し
付着しただけでも燃料使用量は大幅に増加する。空気比管理を適正に行ってい
ても，燃焼量が大きく変化したときや点火時には少量のすすが発生し，これら
が徐々に堆積するため，定期的に蒸発管の表面を掃除する必要がある。

> 基準部分（工場）I 2 - 2(2 - 1)③
> 　ボイラー，工業炉，熱交換器等の伝熱面その他の伝熱に係る部分の保守及
> び点検に関する管理標準を設定し，これに基づき定期的にばいじん，スケー
> ルその他の付着物を除去し，伝熱性能の低下を防止すること。
> （参考）基準部分（事務所）I 2 - 1(2)③
> ア．ボイラー設備の効率の改善に必要な事項の保守及び点検に関する管理標
> 　準を設定し，これに基づき定期的に保守及び点検を行い，良好な状態に維
> 　持すること。

イ．ボイラー設備の保温及び断熱の維持，スチームトラップの蒸気の漏えい，詰まりを防止するように保守及び点検に関する管理標準を設定し，これに基づき定期的に保守及び点検を行い，良好な状態に維持すること。

（キ）廃熱回収

　ボイラでは，一般に，燃焼用空気を予熱する，あるいはボイラ給水を加熱するのに排ガス熱量が用いられている。

　基準部分（工場）Ⅰ2－2(3)①
　ア．排ガスの廃熱の回収利用は，排ガスを排出する設備等に応じ，廃ガスの温度又は廃熱回収率について管理標準を設定して行うこと。
　イ．ア．の管理標準は，別表第2(A)に掲げる廃ガス温度及び廃熱回収率の値を基準として廃ガス温度を低下させ廃熱回収率を高めるように設定すること。
　目標及び措置部分（工場）Ⅱ1－2(3)
　　排ガスの廃熱の回収利用については，別表第2(B)に掲げる廃ガス温度及び廃熱回収率の値を目標として廃ガス温度を低下させ廃熱回収率を高めるよう努めること。

2.2.4　蒸気システム

（1）　蒸気輸送配管の管理

（ア）蒸気量と配管径

　蒸気輸送配管は，蒸気の品質を保つとともにエネルギー経済面で優れたものでなければならない。理想的な蒸気輸送配管の条件は，①短距離，小口径で無用な曲がりをもたないこと，②放熱損失・圧力損失を最小にすること，である。

　蒸気量に比べて管径が小さいと圧力損失が大きくなるため，ボイラでは実際に使用する圧力より高い圧力の蒸気を発生する必要がある。

　一方，配管の口径を大きくすれば圧力損失は小さくなるが，管の質量や表面積が増えるため送気開始時に管を加熱するのに必要な熱量や送気中の放熱量も多くなる。また，配管の工事に要する経費も多くなる。このようなことから，蒸気輸送配管は蒸気量に見合った管径を選ぶ必要がある。

（イ）配管経路の合理化

　不要配管，迂回配管（うかい）などが多くあれば，その部分を通る蒸気の熱が管そのものに奪われ，さらに表面からの熱放散により熱の損失が生じる。したがって，配管経路を最短化・集合化する合理化を行い，放熱面積そのものを低減する必要がある。

　基準部分（工場）Ⅰ2-2(5-1)④

　　ウ．熱利用設備を新設・更新する場合には，熱媒体を輸送する配管の経路の
　　　合理化，熱源設備の分散化等により，放熱面積を低減すること。

（ウ）蒸気漏れの防止

　蒸気輸送管には弁や継手が多く用いられているが，これらの部分から蒸気が漏れていることが多い。蒸気漏れ量は圧力と穴の直径によって大きく変化するので，送気圧力はできるだけ低くした方がよい。

（2）　保温の適正化

　蒸気管を裸のままにしておくと放熱量が非常に多く，放熱量に相当する分の蒸気が内部で凝縮するため，実際に使用できる熱量はそれだけ減ることになる。また，蒸気管が室内を通過する場合，周囲温度の上昇を招き作業環境悪化，空調動力の増加などの面から好ましくない。

　蒸気管はグラスウールなどの保温材により徹底的に保温する必要がある。

　蒸気管の保温をするときには，管の部分だけでなく弁やフランジの部分についても行う。弁やフランジは形状が複雑であるため，放熱量を正確に計算することはむずかしいが，表面積が直管の何倍になるか測定した結果から計算できる。

　保温材については，保温材の厚さを増せば放熱量は減少するが，ある程度の厚さになるとそれ以上厚さを増しても放熱量はあまり変化しなくなる。このため，経済的に考えて適切と思われる厚さを計算する必要がある。

　蒸気管を保温すれば放熱量が減少するだけでなく，管の外表面温度も大幅に低下し，作業環境の点からも望ましい。

> 基準部分（工場） I 2 - 2(5 - 1)①
> ア．熱媒体及びプロセス流体の輸送を行う配管その他の設備並びに加熱等を
> 　行う設備（以下「熱利用設備」という。）の断熱化の工事は，日本産業規格
> 　A 9501（保温保冷工事施工標準）及びこれに準ずる規格に規定するところ
> 　により行うこと。

　JIS A 9501 は，保温を実施する場合の保温材の厚さの決定方法，保温材の選定や標準的な施工の方法などを示している。

（3）　蒸気加熱設備（蒸気の有効利用）
（ア）蒸気の調節方法
　蒸気を使用するとき，使用目的を明確にする必要がある。蒸気は一般に加熱用として使用されることが多いが，圧力源として利用され，加湿や撹拌に使用されることもある。

　使用目的が明確になったら，どれくらいの温度や圧力が必要かを決め，管理標準を定め蒸気による熱量の過剰な供給を避ける。

　必要温度や必要圧力を維持するために調節弁により蒸気量を調節するが，自動調節弁を取り付けて一定の温度や圧力を維持できるように，蒸気流量を自動的に調節する。

> 基準部分（工場） I 2 - 2(2 - 1)①
> ク．蒸気を用いる加熱等を行う設備については，不要時に蒸気供給バルブを
> 　閉止すること。

（イ）高乾き度の維持
　蒸気輸送配管の保温を十分に行っても蒸気輸送配管からの放熱があり，放熱量に相当する蒸気が輸送管内で凝縮するため蒸気の乾き度は低下する。乾き度の低い蒸気を蒸気使用設備に送り込むと伝熱面に凝縮液の膜が付着して伝熱を妨げたり，凝縮液が製品に付着して品質を損ねることがある。効率の良い加熱を行うためには，乾き度を適度に高いレベルに維持する必要がある。

基準部分（工場）Ⅰ2－2(2－1)①

ケ．加熱等を行う設備で用いる蒸気については，適切な乾き度を維持すること。

目標及び措置部分（工場）Ⅱ1－2(2)①

イ．加熱等を行う設備で用いる蒸気であって，乾き度を高めることによりエネルギーの使用の合理化が図れる場合には，輸送段階での放熱防止及びスチームセパレーターの採用により熱利用設備での乾き度を高めることを検討すること。

　このためには，蒸気輸送配管にはスチームドレンセパレータ及びスチームトラップを，また，蒸気加熱装置にはスチームトラップ及び必要に応じてドレンサイホンを設置し，蒸気の流出を抑えながらドレンの分離排出を良好な状態に保ち，乾き度を高めて送り込むようにすべきである。

　なお，蒸気輸送配管の保温状態がよければ発生する凝縮液の量が少なくなり，ドレンセパレータで分離されるドレン量も少なくなる。

（ウ）スチームトラップの管理

　ボイラから出る蒸気にはいくらかの水分が含まれているが，蒸気輸送配管を蒸気が流れる間に配管からの放熱で蒸気が凝縮してドレンになるため，蒸気に含まれる水分の量はさらに多くなる。蒸気輸送配管のなかをこのような水が蒸気とともに高速で流れると，配管の振動を起したり管継手に障害を与える。このようなことを防ぐには，ドレンを速やかに排出することが必要になる。

　一方，蒸気使用設備においては加熱を終わった蒸気はドレンとなるが，そのまま装置から排出せずにいると新しい蒸気が装置に入ってこなくなり，装置の内部温度が下がる。装置に必要な蒸気をつねに供給するには発生したドレンを速やかに排出する必要がある。蒸気輸送配管や蒸気使用設備からドレンを排出するのに使用されるのがスチームトラップである。

　スチームトラップは使用している間に徐々に性能が低下するので，定期的にストレーナの掃除などを行い，弁部のすり合わせに注意して，性能の低下を遅らせるようにする。

> 基準部分（工場）Ｉ2－2(5－1)③
> イ．スチームトラップは，その作動の不良等による蒸気の漏えい及びトラップの詰まりを防止するように保守及び点検に関する管理標準を設定し，これに基づき定期的に保守及び点検を行うこと。

（エ）ドレン回収

　一般に蒸気使用設備で利用される熱量は蒸気の持つ全熱量のうちの凝縮潜熱だけの場合が多く，顕熱，すなわちドレンの熱量のほとんどは大気に放出され捨てられている場合がある。このドレンの熱量をボイラ用水あるいは低圧フラッシュ蒸気として回収することにより，燃料原単位を節減し，見掛けのボイラ効率が向上し，これらの結果としてボイラプラントの総合効率を改善することができる。また，ドレンの回収は水そのものの回収にも意義がある。ドレンは極力大気に放出せず，高圧のまま回収するよう努めることが大切である。

> 基準部分（工場）Ｉ2－2(3)①
> ウ．蒸気ドレンの廃熱の回収利用は，廃熱の回収を行う蒸気ドレンの温度，量及び性状の範囲について管理標準を設定して行うこと。

［例題　3.4］

> 　□□□□の中に入れるべき最も適切な字句，数値又は式をそれぞれの解答群から選び，答えよ。

(1)　ボイラの水質管理が不適切であると，伝熱管の内部にスケールが付着するようになる。例えば，スケールの熱伝導率が 0.5 W/(m・K) の場合，鋼管の熱伝導率に比べて概ね □１□ 程度であるので，伝熱性能の低下に加えて，最悪の場合，伝熱管の過熱により材質が劣化して設備トラブル等に至る場合もある。
　　「工場等判断基準」の「基準部分（工場）」は，ボイラへの給水は，伝熱管へのスケールの付着及びスラッジ等の沈殿を防止するよう水質に関

する管理標準を設定して行うこと，を求めている。

(2)　工場等において，加熱等に用いる蒸気については，乾き度の維持が重要である。

　　「工場等判断基準」の「目標及び措置部分（工場）」は，加熱等を行う設備で用いる蒸気であって，乾き度を高めることによりエネルギーの使用の合理化が図れる場合にあっては，輸送段階での放熱防止及び　2　の導入により熱利用設備での乾き度を高めることを検討すること，を求めている。

（語　群）

ア　アキュムレータ　　イ　スチームセパレータ　　ウ　温度センサ

エ　$\dfrac{1}{1\,000}$　　オ　$\dfrac{1}{100}$　　カ　$\dfrac{1}{10}$　　キ　$\dfrac{1}{3}$

【解　答】

　(1)　1－オ

　(2)　2－イ

【解　説】

(1)　ボイラの伝熱面に付着するスケールの熱伝導率が 0.5 W/(m・K) であるとすると，鋼管の熱伝導率（数十 W/(m・K)）の 1/100 程度であり，スケールの付着により伝熱性能の低下に加えて，伝熱管の過熱によるトラブルに至ることもある。これを防止するため，ボイラの給水の水質について管理標準を設定して管理することが必要である。

(2)　蒸気を輸送する場合は，使用時の乾き度をできる限り高めるために，予め蒸気を過熱状態にするとともに輸送管路での放熱を極力防止し，湿り状態となった場合は，蒸気中のドレン（水分）を除去するためのスチームセパレータ（汽水分離器）の導入により乾き度を高めるよう検討することが求められる。

2.2.5　火力発電

（1）　概要

　火力発電を大別すると汽力発電と内燃力発電とに分かれる。

（ア）汽力発電

　燃料を燃焼させ，ボイラ内で高温・高圧の蒸気を発生させ，その蒸気を蒸気タービンに供給し，蒸気の膨張力で発電機を回転させ発電させるものである。わが国の火力発電電力量の大部分は汽力発電によるもので，汽力発電のことを火力発電と呼ぶことが多い。火力発電の発電専用設備の発電端熱効率は，平均で約 41 ％ とされているが，大容量発電所を電力需要地の近くに立地することができ，電力需要の変動に柔軟に対応できる特徴がある。

（イ）内燃力発電

　燃料を機関内部で燃焼させ，直接機械エネルギーに変換する内燃機関を用いる発電である。内燃機関としては，ディーゼル機関，ガス機関，ガソリン機関，ガスタービンなどがある。内燃力発電は単独では，汽力発電に比べると小容量であり，装置が簡単で，小容量の割に効率が良く，始動・停止が容易であり，非常用の発電として用いられたが，最近ではコージェネレーション（後述）用に使用されることが多い。また，ガスタービンと汽力発電とを組み合わせたコンバインド発電が使用され，火力発電の熱効率の向上に貢献している。

（2）　火力発電所（汽力発電）の構成

　火力発電所の主な設備はボイラ，蒸気タービン，発電機などであるが，そのほかに概略系統図（**図 2.33**）に示すような設備があり，系統的にみると燃焼系統，汽水系統，発電系統及び冷却系統に分けられる。

（3）　熱効率と熱勘定

　火力発電所の熱効率は，燃料の発熱量に対する発生電力の割合で示される。ある期間の平均発電端熱効率 η 〔％〕は，発生電力量を W〔kW・h〕，燃料消費量を B〔kg〕，燃料の発熱量を H〔kJ/kg〕として次式で求められる。

$$\eta = \frac{3\,600\,W}{B \cdot H} \times 100 \tag{2.91}$$

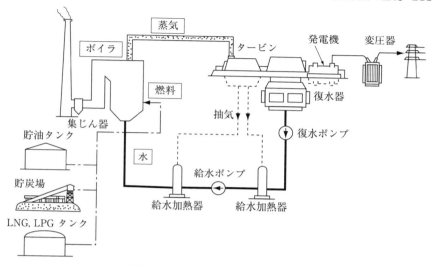

図 2.33 汽力発電所の概略系統図

　発電端熱効率は，発生電力量 W を発電機端子で計測した場合の熱効率であり，送電端熱効率は，発生電力量 W を発電所の送電線の送り出し点で計測した場合の熱効率である。また，受電端発電効率（需要端熱効率）は，発生電力量 W を需要者側の受電端電力量とした場合の熱効率である。

　燃料の発熱量としては，高発熱量を使用するのが一般的で，工場等判断基準では，発電効率は高発熱量基準の熱効率が用いられている。

　発電所の熱効率を向上させるためには，発電所の熱損失を明らかにし，分析することが重要である。一般に熱エネルギーの入出力・損失をバランスシートで表すことを熱勘定といい，これを図に示したものが熱勘定図である。

（4） 工場等判断基準上の分類

　工場基準部分では，火力発電は「(4) 熱の動力等への変換の合理化」で扱われており，発電専用設備とコージェネレーション設備とに分けられている。発電専用設備は熱エネルギーを電力のみに変換して需要者に供給する設備であり，コージェネレーション設備は熱エネルギーを，電力または動力と加熱用熱エネルギーの両方に変換して需要者に供給する設備である。

2.2.6　太陽光発電

　太陽光発電は，シリコン半導体などに光が当たると電気が発生する現象を利用し，太陽の光エネルギーを太陽電池（半導体素子）により直接電気に変換する発電方法である。エネルギー源は太陽光エネルギー源が太陽光であるため，基本的には設置する地域に制限がなく，導入しやすいシステムといえる。また，屋根，壁などの未利用スペースに設置でき，新たに用地を取得せずに発電することも可能である。

　一方，時間や気候条件により発電出力が左右される。例えば，夜間は発電できないし，晴天の日に比べ曇天の日の発電量は小さくなる。また，導入コストも次第に下がってはいるものの，今後の更なる導入拡大のため，低コストに向けた技術開発が重要である。

　基準部分（工場）Ⅰ（5）− 2
　太陽光発電設備等を設置する場合にあっては，当該設備から供給される電気の量を適切に把握するとともに，発電効率を高い状態に維持するように保守及び点検に関する管理標準を設定し，これに基づき定期的に保守及び点検を行うこと。

2.2.7　熱機関

（1）　理論サイクルによる分類

　工場等で用いる熱機関は，そのほとんどが発電用（発電専用設備，コージェネレーション設備などの常用発電設備）や，ヒートポンプ用であり，オットーサイクル機関，ディーゼルサイクル機関，ガスタービンサイクル機関，ランキンサイクル機関のいずれも用いられる。

（ア）オットーサイクル機関

　燃料の吸気，圧縮，膨張（爆発），排気の四つの行程を連続して繰り返す往復動機関をオットーサイクル機関という。ガソリンエンジン，ガスエンジンなどがこれに相当する。各行程の内容は以下のとおりである。

　①吸気：吸気弁が開き，ピストンの下降により生じるシリンダ内の負圧によ

り，空気と燃料の混合気がシリンダ内に吸い込まれる。

②圧縮：ピストンが最下点（下死点）から上昇しながら混合気を圧縮する。

③膨張：ピストンが最上点（上死点）に到達する頃，点火プラグによって混合気に点火する。このときに発生する膨張力が動力（力学エネルギー）を発生する。

④排気：爆発により下降したピストンが再び上昇し，排気弁を開いて燃焼を終えた排ガスをシリンダの外に排出する。

（イ）ディーゼルサイクル機関

ディーゼルサイクル機関は，吸気弁から空気のみを吸入し，ピストンで圧縮された高温・高圧の空気に，燃料を噴射して燃焼させる往復動機関である。噴射された燃料は，高温・高圧の空気と混合し蒸発して自己着火するため，特別な点火装置を必要としない。これがオットーサイクル機関との大きな差である。

ディーゼルサイクル機関は，オットーサイクル機関に比べて圧縮比（吸気弁から吸入した混合気をどれだけ燃焼室内に圧縮しているかを表す指数，圧縮比が高いほど出力が大きくなる）が高くなるため，熱効率が高く，また，低速回転におけるトルクが比較的大きい。

（ウ）ガスタービンサイクル機関

ガスタービンサイクルの基本は，内燃機関であることからオットーサイクル機関やディーゼルサイクル機関と同じで，吸気，圧縮，膨張（爆発），排気の行程から成る。別名ブレイトンサイクルとも呼ばれる。

ガスタービンでは，まず吸い込んだ空気を圧縮機で圧縮して燃焼器に導き，その中に燃料を噴射して燃焼させ，生じた高温・高圧ガスによりタービンを回転させて熱エネルギーを機械エネルギー（力学エネルギー）に変換する。この機械エネルギーが，ガスタービンの外部出力と圧縮機の駆動動力のエネルギーとして用いられる。ガスタービンの特徴は，小型軽量で大出力が得られる，騒音や振動が往復動機関に比べて少ない，などである。

ガスタービンは，上述のように圧縮機の駆動のために熱エネルギーの多くが使われるため，外部に取り出せる機械エネルギーが少なくなり，オットーサイクル機関やディーゼルサイクル機関に比べて熱効率が低い。

（エ）ランキンサイクル機関

蒸気動力プラント（火力発電所）の基本的な熱サイクルを**図 2.34** に示す。火力発電所ではボイラで発生した高温・高圧の蒸気は，過熱器で更に加熱されて過熱蒸気1となり，蒸気タービンに流入する。流入した蒸気はタービン内で膨張し，その力がタービンの羽根に作用しタービンを回転させる。エネルギーを失った蒸気は，低温・低圧の蒸気2となり，復水器で水3となり給水ポンプを経て圧縮水4となり，再びボイラへ戻り加熱される。この熱サイクルをランキンサイクルという。

（2） 蒸気タービン

（ア）特徴

蒸気タービンは，蒸気のもつ熱エネルギーを速度（運動）エネルギーに変換し，高速で噴出する蒸気の力を利用して軸車（ロータ）を回転させる回転機械である。その変換効率が75 〜 90％と高効率であること，大容量化が容易であること，極めて信頼性が高いことから多方面で使用されている。

蒸気タービンの一般的用途は発電用と機械駆動用で，発電機，ポンプ，送風機，圧縮機，船舶のスクリューなどの駆動用に用いられる。また，蒸気タービンは，可燃性雰囲気でも使用できるため，石油化学など電気火花を嫌う場所でも用いられる。

一般に熱利用設備では，多くの場合蒸気が用いられ，熱利用設備からは排熱や廃蒸気による蒸気が得られるので，これらの蒸気により蒸気タービンを働か

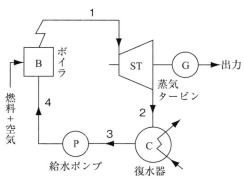

図 2.34 ランキンサイクル

せ，動力とプロセス蒸気を同時に得るようにすればエネルギーのカスケード利用となって，省エネルギー効果が極めて高くなる。

（イ）性能

ボイラと蒸気タービンを総合した発電所を考えると，全体の発電プラント熱効率は，

$$発電プラント熱効率 = \frac{3\,600 \times 発電電力〔kW〕}{燃料消費量〔kg/h〕\times 燃料発熱量〔kJ/kg〕} \times 100 \,〔\%〕$$

(2.92)

であり，ボイラと蒸気タービンを結ぶ配管中の圧力損失と放熱損失を無視し，ボイラ効率を η_B，タービン効率を η_T，発電機効率 η_G とすれば発電プラント熱効率 η は次式となる。

$$\eta = \eta_B \cdot \eta_T \cdot \eta_G$$

(2.93)

（ウ）運転管理と省エネルギー

いかに上手に設備計画がなされても，実際の運転管理が適切に行われなければ性能は低下する。また，実際の設備運用が長期間の間に当初計画とずれてくれば，それに応じた対策を考えて省エネルギーを図る必要がある。

ｉ）性能低下の防止

蒸気タービンを長期間運転すると経年劣化するので，その状況を的確に検知・把握して正しく評価し，計画的かつ経済的に再生・補修したり部品交換して性能低下を防止し，経済性と信頼性を高く維持し続けることが重要である。

性能低下の要因としては，次のようなものがある。

① 翼へのスケール付着

② 翼の侵食

③ すき間の増大

④ その他

ⅱ）システムの運用による熱消費率の改善

タービンの熱消費率はタービンの消費する熱量／タービン出力で表され，発生蒸気量に制限がない限り，極力タービン通過蒸気量を増し，プロセス蒸気や補助蒸気はタービン抽気から供給するように心掛けることが，熱消費率の改善

に直結する。

　その他，できるだけ多目的に蒸気を使うことを考えると，おのずとエネルギーのカスケード利用が達成されるようになり，省エネルギーが図れる。また，極力高い負荷率で運転することが大切であり，やむを得ず部分負荷運転を強いられる場合には，変圧運転を行うと部分負荷運転時における熱消費率を改善できる。

　複数の蒸気タービンを並列運転するときには，個々の機器の特性を考慮し，負荷の増減に応じてその適切な配分がなされるように管理し，総合的な効率の向上を図ることが必要である。

　　基準部分（工場）Ⅰ2-2(4-2)①
　　ア．発電専用設備にあっては，高効率の運転を維持できるよう管理標準を設
　　　　定して運転の管理をすること。また，複数の発電専用設備の並列運転に際
　　　　しては，個々の機器の特性を考慮の上，負荷の増減に応じて適切な配分が
　　　　なされるように管理標準を設定し，総合的な効率の向上を図ること。
　　イ．火力発電所の運用に当たって蒸気タービンの部分負荷における減圧運転
　　　　が可能な場合には，最適化について管理標準を設定して行うこと。

---

iii）蒸気条件の向上などによる熱消費率の改善

　既設ボイラの代わりに，現在の系よりも高温高圧であるボイラと背圧タービンを追設し，そのタービン排気を現在の系につないで，結果的にシステム全体の蒸気条件向上を果たす方法がある。

　また，現在の系に復水タービンをつないで，結果的にシステム全体の熱落差を増加させ，熱消費率を改善する方法がある。

iv）再生サイクル化・ドレン回収による熱消費率の改善

　再生サイクルは，高圧給水加熱器を設置し，給水を蒸気加熱し，熱サイクルを改善する方法である。プロセス側の合理化により蒸気の需要量が減少する場合，その余剰分を給水加熱に回すものである。

（3）　コンバインドサイクル発電

　単純開放サイクルガスタービンの排気ガスは，温度が高く，かつ，酸素分を豊富に含み，有効に利用し得る熱エネルギーが大きいので，これを排熱回収ボ

イラに導いたり，あるいはボイラの燃焼用空気としてこれに燃料を吹き込む（助燃）などして蒸気を発生させて熱回収を行うと，大幅に総合効率を向上させることができる。

この蒸気をそのままプロセス用に用いる場合が，次項で述べるコージェネレーションであり，蒸気タービンを駆動すればコンバインドサイクルとなる。**図2.35**に，コンバインドサイクルの概念図と熱勘定の例を示す。

コンバインドサイクル発電は，ボイラ蒸気タービン発電の高温高圧化による熱効率の向上が限界に近づきつつあるなか，大幅に熱効率を向上させることができるので，現在の火力発電の主流となっている。すなわち，コンバインドサイクルの熱効率は，タービン入口ガス温度1 300 ℃級の高効率ガスタービンを採用したものは約48 ％を達成し，次世代形として1 450 ℃級，約53 ％が可能となっている。

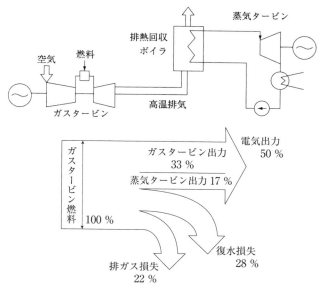

図2.35　コンバインドサイクルの概念図と熱勘定の例

（4）　コージェネレーション
（ア）概要

　コージェネレーションシステムは，一つの熱エネルギー源から2種類以上の有効な二次エネルギーを同時に生産・供給するシステム（熱電併給システム）である。通常，二次エネルギーとしては電力または動力及び熱を指し，「熱併給発電」とも呼ばれる。

　発電専用のプラントでは，（3）で述べた，ガスタービンと蒸気タービンを組み合わせた最新のコンバインドサイクル複合発電設備でも復水器から捨てられる熱量が多く，発電端での熱効率は50％程度である。これに対し，需要サイトに設置され，燃料燃焼により得られる高温部の熱は動力発生に，低温部の熱は加熱用に用いられるコージェネレーションシステムでは発電効率は25～45％であるが，熱を有効に利用できれば70～80％の総合エネルギー効率が期待できる。

　さらに，コージェネレーションシステムを設置することにより，最大電力の抑制が可能であり，契約電力を引き下げることができる。

（イ）計画上の留意点

ⅰ）電力負荷及び熱負荷の状況

　コージェネレーションシステムは，電力需要だけでなく，蒸気または温水のような熱需要が大きく，また，将来的にも熱需要が十分見込まれる場合にその導入を検討する。

　導入に当たっては，電力と熱の負荷状況（時間的・季節的変動，負荷パターンなど）を正確に把握し，保守・補修，信頼性などを考慮し，利用率が最大になるよう，適切な原動機の種類と容量及び台数などをシミュレーションなどによって選定し，経済性の評価を十分に行うことが肝要である。

　基準部分（工場）Ⅰ2－2（4－3）④

　　コージェネレーション設備を新設・更新する場合には，熱及び電力の需要実績と将来の動向について十分な検討を行い，年間を総合して廃熱及び電力の十分な利用が可能であることを確認し，適正な種類及び規模のコージェネレーション設備の設置を行うこと。

ⅱ）原動機の種類

　コージェネレーションシステムに使用される原動機の特性を**表2.9**に示す。

　燃料電池は，燃焼装置を必要とせず，騒音，振動が少なく，NOx の発生も少ないが，直流電源のため系統連系に当たってはインバータが必要となる。

iii) 系統連系

　電力需要の細かい変動に追従することは困難なので，電力会社の系統に連系して，変動分を吸収するのが一般的である。系統の停電時にコージェネレーション設備から電力が逆送されると危険なので，連系に当たっては保護設備を完全にしておく必要がある。

　また，故障や定期整備に備えて，系統を分割し，バックアップ体制を考慮しておかなければならない。

（ウ）コージェネレーションシステムの運転管理

　コージェネレーションシステムは，適切に運転することにより高い総合効率を得ることができるので，構成機器それぞれの容量及び特性を勘案しつつ，工場等における熱と電力の双方の需要変動に的確に対応し，部分負荷運転を避けつつ余剰な熱または電力の発生を防ぐ最適な運転を行い，総合効率をより高めていくことが重要である。

表2.9 原動機などの種類と特徴

		ディーゼルエンジン	ガスエンジン	ガスタービン	りん酸形燃料電池
単機容量		10〜10 000 kW	1〜9 000 kW	28〜100 000 kW	50/100/200 kW
発電効率(LHV)		33〜48 %	23〜45 %	20〜40 %	35〜45 %
総合効率(LHV)		65〜75 %	70〜80 %	70〜85 %	60〜80 %
燃料		A重油・軽油	都市ガス・LPG・消化ガス	灯油・軽油・A重油・都市ガス・LPG	都市ガス・灯油・メタノール・LPG・消化ガス
排熱回収形態		排ガス：温水又は蒸気 冷却水：温水	排ガス：温水又は蒸気 冷却水：温水	排ガス：主として蒸気	排ガス：温水又は蒸気 冷却水：温水
NOx対策	燃焼改善	噴射時期遅延	希薄燃焼	水噴射, 蒸気噴射予混合希薄燃焼	必要なし
	排ガス処理	選択還元脱硝	三元触媒・選択還元脱硝	選択還元脱硝	必要なし
騒音		80〜90 db（A）防音対策を要する	70〜75 db（A）防音対策を要する	85〜95 db（A）防音対策を要する	55 db（A）
特徴		・発電効率が高い ・設置台数が最も多く実績豊富 ・始動時，負荷変動時にすぐ出やすい ・部分負荷時の効率低下が少ない	・排ガス熱回収装置のメンテナンスが容易 ・三元触媒方式により排ガスの清浄化が可能	・発電効率が比較的低い ・冷却水が不要 ・小型軽量 ・法律で定期点検頻度などが決められている ・蒸気の回収が容易	・発電効率が高い ・騒音，振動，NOxが低い ・消化ガスが利用できる ・直流電源 ・高品質電源

注) LHV：低発熱量

基準部分（工場） I 2－2(4－3)①

ア．コージェネレーション設備に使用されるボイラー，ガスタービン，蒸気タービン，ガスエンジン，ディーゼルエンジン等の運転の管理は，管理標準を設定して，発生する熱及び電気が十分に利用されるよう負荷の増減に応じた総合的な効率を高めるものとすること。また，複数のコージェネレーション設備の並列運転に際しては，個々の機器の特性を考慮の上，負荷の増減に応じて適切な配分がなされるように管理標準を設定し，総合的な効率の向上を図ること。

基準部分（工場） I 2－2(4－3)②

ア．コージェネレーション設備に使用するボイラー，ガスタービン，蒸気タ

ービン，ガスエンジン，ディーゼルエンジン等については，負荷の増減に応じた総合的な効率の改善に必要な計測及び記録に関する管理標準を設定し，これに基づき定期的に計測を行い，その結果を記録すること。

2.2.8　熱交換器

排熱を回収する場合のように，高温流体により低温流体を加熱するための装置を一般に熱交換器という。

（1）　熱通過

高温流体から低温流体に熱を伝えるとき，図 **2.36** に示すように固体壁をはさんで両側に流体を流すことが多い。このような場合には温度 t_{f1}〔℃〕の高温流体から固体壁に対流伝熱により伝えられた熱量は伝導伝熱により固体壁の内部を伝わり，対流伝熱により温度 t_{f2}〔℃〕の低温流体にこの熱が伝えられる。このような一連の熱の流れを熱通過と呼び，熱通過

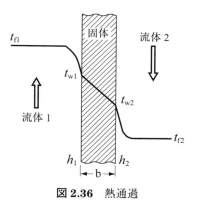

図 2.36　熱通過

量 Q〔W〕は両側の流体の温度差及び伝熱面積 A〔m^2〕に比例することから次のように表される。

$$Q = K \cdot A \cdot (t_{f1} - t_{f2}) \ \text{〔W〕} \tag{2.94}$$

ここで，比例定数 K は両流体と固体壁との熱伝達率及び固体壁の厚さと熱伝導率によって決まる値であり熱通過率〔W/(m^2・K)〕と呼ばれている。流体の種類が決まれば熱伝達率はある範囲内の値となるため，熱通過率の値は両側の流体によってほぼ決まることになる。

基準部分（工場）Ⅰ2－2(2－1)④イ
（ア）熱交換に係る部分には，熱伝導率の高い材料を用いること。

（ウ）工業炉の炉内壁面等については，その性状及び形状を改善することにより，放射率の向上を図ること。

（2）　交換熱量

　熱交換器で高温流体から低温流体に伝達される熱量は，伝熱面の各部においては両流体の温度差に比例するが，流体の温度が場所によって変化するため温度差は熱交換器の各部において変化することになる。このため，交換熱量を計算するためには熱交換器全体としての平均的な温度差を使用する必要がある。このような温度差は対数平均温度差と呼ばれ，熱交換器の両端のそれぞれにおける温度差から次のように計算できる。

$$\Delta t_{\mathrm{m}} = \frac{\Delta t_1 - \Delta t_2}{\ln\left(\dfrac{\Delta t_1}{\Delta t_2}\right)} \tag{2.95}$$

　ここで，Δt_1〔K〕及びΔt_2〔K〕は，並流式と向流式のどちらに対しても熱交換器の一方の端と他方の端における高温流体と低温流体の温度差である。

　対数平均温度差を使えば伝熱面積A〔m^2〕の熱交換器における交換熱量は次のように計算できる。

$$Q = K \cdot A \cdot \Delta t_{\mathrm{m}} \quad 〔\mathrm{W}〕 \tag{2.96}$$

　なお，交換熱量が決まっている場合には，この式から熱交換器の伝熱面積が計算できる。

（3）　熱交換器の性能

　熱交換器の性能を評価する基準として温度効率とエネルギー効率が使われる。温度効率は，最大限利用可能な温度差，すなわち高温流体と低温流体の入口における温度差に対し，高温流体の温度がどの程度低下したかをみる高温流体側の温度効率 η_{h} と，低温流体の温度がどの程度上昇したかをみる低温側の温度効率 η_{c} とがある。

　これに対しエネルギー効率は，温度の代わりに交換熱量に着目したもので，交換可能な最大熱量に対して実際に交換された熱量がどの程度であるかを示すものである。

基準部分（工場）Ⅰ2-2(2-1)④
ア．加熱等を行う設備を新設・更新する場合には，必要な負荷に応じた設備を選定すること。
イ．加熱等を行う設備を新設・更新する場合には，次に掲げる事項等の措置を講じることにより，エネルギーの効率的利用を実施すること。
（ア）熱交換に係る部分には，熱伝導率の高い材料を用いること。
（イ）熱交換器の増設及び配列の適正化により，総合的な熱効率の向上を図ること。

（4）　熱交換器の保守管理

　熱交換器は伝熱性能の低下，管路内の詰まり，腐食，割れによる漏えいや製品への異種流体の混入などが生じることがあり，熱交換器だけでなくプロセスにも異常を引き起こすことがある。熱交換器を日常管理することは伝熱性能の維持だけでなくプロセス制御上，品質上，安全上，環境上からも重要である。
　伝熱性能に関する日常管理項目としては，熱交換器前後の流体の温度，圧力，組成が挙げられる。これらの変化から汚れや詰まりの状況及び漏えいが判断され，また，熱量の過剰な供給を防止することができる。

基準部分（工場）Ⅰ2-2(2-1)①
ア．蒸気等の熱媒体を用いる加熱設備，冷却設備，乾燥設備，熱交換器等については，加熱及び冷却並びに伝熱（以下「加熱等」という。）に必要とされる熱媒体の温度，圧力及び量並びに供給される熱媒体の温度，圧力及び量について管理標準を設定し，熱媒体による熱量の過剰な供給をなくすこと。

　熱交換器は使用している間に伝熱面の表面に水垢や埃などが付着するが，これらの付着物の熱伝導率は壁面の熱伝導率に比べて著しく小さいため，薄く付着しただけでも交換熱量は大幅に低下する。このようなことを避けるためには，熱交換器の伝熱面を定期的に清掃する必要がある。

基準部分（工場）Ⅰ2-2(2-1)③

　　ボイラー，工業炉，熱交換器等の伝熱面その他の伝熱に係る部分の保守及び点検に関する管理標準を設定し，これに基づき定期的にばいじん，スケールその他の付着物を除去し，伝熱性能の低下を防止すること。

［例題　3.5］

　　次の文章の $\boxed{\text{A}}\boxed{\text{ab.c}}$ に当てはまる数値を計算し，その結果を答えよ。

　　熱交換器の交換熱量は，熱通過率，伝熱面積，対数平均温度差の積で表される。Δt_1，Δt_2 を熱交換器の両端部での流体間温度差とすると，対数平均温度差 Δt_{m} は，

$$\Delta t_{\mathrm{m}} = \frac{\Delta t_1 - \Delta t_2}{\ln \dfrac{\Delta t_1}{\Delta t_2}}$$

で表される。

　　高温側と低温側が同一の流体で，比熱が温度によらず一定の場合，図に示すように，高温側の入口温度が $250\,℃$，出口温度が $150\,℃$，低温側の入口温度が $50\,℃$で流量比 $= \dfrac{高温側流量\ (Q_H)}{低温側流量\ (Q_L)} = 1.5$ のとき，対数平均温度差は $\boxed{\text{A}}\boxed{\text{ab.c}}$〔K〕となる。

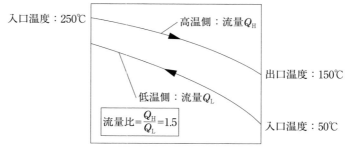

　　　　　　　　図　熱交換流体の温度変化

　　ただし，熱交換器は定常状態で外部への放熱はないものとする。また，対数の計算においては表の値を用いること。

表　対数の値

N	$\dfrac{1}{2}$	$\dfrac{1}{1.5}$	1.5	2
lnN	− 0.693 1	− 0.405 5	0.405 5	0.693 1

【解　答】

A − 72.1

【解　説】

低温側の出口温度を t〔℃〕とすると，熱バランスから，

$$Q_H \times (250 - 150) = Q_L \times (t - 50)$$

これより，

$$t = \frac{Q_H}{Q_L} \times 100 + 50 = 1.5 \times 100 + 50 = 200 \quad ℃$$

高温側の入口における流体間温度差を $\Delta t_1 = 250 - 200 = 50$，高温側の出口における流体間温度差を $\Delta t_2 = 150 - 50 = 100$ とすると対数平均温度差 Δt_{m} は，

$$\Delta t_{\mathrm{m}} = \frac{\Delta t_1 - \Delta t_2}{\ln \dfrac{\Delta t_1}{\Delta t_2}} = \frac{50 - 100}{\ln \dfrac{50}{100}} = \frac{-50}{\ln \dfrac{1}{2}} = \frac{-50}{-0.6931} = 72.139 \rightarrow 72.1\mathrm{K}$$

となる。

2.2.9　廃熱回収

（1）　廃熱回収計画

（ア）廃熱回収検討手順

　廃熱回収の検討は**図 2.37** の手順に従って進められる。

　廃熱回収の検討に当たっては，最初に「廃熱の発生量を今以上に減らす余地がないか」を徹底的に調べることを忘れてはならない。これにより，廃熱回収装置が過大になることが避けられ，経済性が高まるからである。

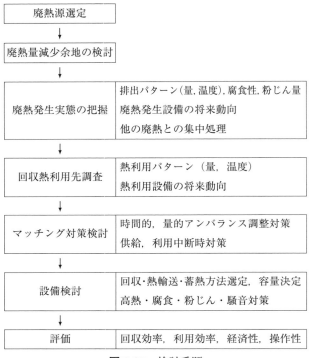

廃熱源選定	
↓	
廃熱量減少余地の検討	
↓	
廃熱発生実態の把握	排出パターン(量,温度),腐食性,粉じん量 廃熱発生設備の将来動向 他の廃熱との集中処理
↓	
回収熱利用先調査	熱利用パターン（量，温度） 熱利用設備の将来動向
↓	
マッチング対策検討	時間的，量的アンバランス調整対策 供給，利用中断時対策
↓	
設備検討	回収・熱輸送・蓄熱方法選定，容量決定 高熱・腐食・粉じん・騒音対策
↓	
評価	回収効率，利用効率，経済性，操作性

図 2.37 検討手順

基準部分（工場）Ⅰ2－2(3)①

ア．排ガスの廃熱の回収利用は，排ガスを排出する設備等に応じ，廃ガスの
温度又は廃熱回収率について管理標準を設定して行うこと。

イ．ア．の管理標準は，別表第2(A)に掲げる廃ガス温度及び廃熱回収率の値
を基準として廃ガス温度を低下させ，廃熱回収率を高めるように設定する
こと。

目標及び措置部分（工場）Ⅱ1－2(3)

　排ガスの廃熱の回収利用については，別表第2(B)に掲げる廃ガス温度及び
廃熱回収率の値を目標として廃ガス温度を低下させ廃熱回収率を高めるよう
努めること。

基準部分（工場）Ⅰ2－2(3)①

ウ．蒸気ドレンの廃熱の回収利用は，廃熱の回収を行う蒸気ドレンの温度，

　　量及び性状の範囲について管理標準を設定して行うこと。
　エ．加熱された固体若しくは流体が有する顕熱，潜熱，圧力，可燃性成分等
　　の回収利用は，回収を行う範囲について管理標準を設定して行うこと。
　オ．排ガス等の廃熱は，原材料の予熱等その温度，設備の使用条件等に応じ
　　た適確な利用に努めること。
基準部分（工場）Ⅰ2－2(3)④
　ア．廃熱を排出する設備から廃熱回収設備に廃熱を輸送する煙道，管等を新
　　設・更新する場合には，空気の侵入の防止，断熱の強化その他の廃熱の温
　　度を高く維持するための措置を講じること。
　イ．廃熱回収設備を新設・更新する場合には，廃熱の排出状況等を調査する
　　とともに，廃熱回収率を高めるため，伝熱面の性状及び形状の改善，伝熱
　　面積の増加等の措置を講じること。また，蓄熱設備やヒートポンプ等の採
　　用等により，廃熱利用が可能となる場合にはこれらを採用すること。

（イ）廃熱回収計画の留意点

　廃熱回収の計画に当たっては廃熱の回収率と回収熱の利用率を高めるため，**表2.10** の留意点を考慮する必要がある。

　大規模設備の廃熱では近傍にそれに見合う熱需要がない場合が多く，輸送に便利な電力に転換することが多い。その際，動力への変換効率を高めるためには熱交換の過程での温度降下を最小限に抑え，有効エネルギー（エクセルギー）損失をできるだけ少なくしなければならない。

表2.10　廃熱回収計画の留意点

有効エネルギー損失の低減	廃熱温度と回収媒体の温度差を小さくする 回収熱の温度に近い利用先を探す
回収過程での損失低減	エネルギー転換の回数を少なくする 回収設備・輸送設備の放熱防止
回収廃熱の利用率向上	回収廃熱は自工程での利用を優先する
回収設備停止による障害回避	バックアップを備える

（2）廃熱回収機器

　一般的には**表2.11** のような機器を利用して廃熱を回収する。

表 2.11　廃熱回収機器

熱交換器	換熱式	管式，プレート式
	蓄熱式	切替式，回転式
	熱媒式	
	ヒートパイプ式	一体形，分離形
ヒートポンプ	圧縮式	
冷温水機	吸収式	第一種，第二種
排熱ボイラ		水蒸気，温水，熱媒油
ドレン回収ポンプ		
発電設備		蒸気タービン，有機媒体タービン

目標及び措置部分（工場）Ⅱ2
(1) 熱エネルギーの効率的利用のための検討
　熱の効率的利用を図るためには，有効エネルギー（エクセルギー）の観点からの総合的なエネルギー使用状況のデータを整備するとともに，熱利用の温度的な整合性改善についても検討すること。
(2) 未利用エネルギー等の活用
① 　工場等又はその周辺において，工場排水，下水，河川水，海水，地下水未利用熱等の温度差エネルギーの回収が可能な場合には，ヒートポンプ等を活用した熱効率の高い設備を用いて，できるだけその利用を図るよう検討すること。
② 　工場等において，利用価値のある高温の燃焼ガス又は蒸気が存在する場合には，発電，作業動力等への有効利用を図るよう検討すること。また，複合発電及び蒸気条件の改善により，熱の動力等への変換効率の向上を図るよう検討すること。

（ア）熱交換器

　エコノマイザは，ボイラの排ガスで給水を予熱する熱交換器であり，レキュペレータは，燃焼排ガスで燃焼用空気を予熱する熱交換器である。

　バーナと蓄熱式熱交換器が一体となったリジェネレイティブバーナや，バーナにレキュペレータが組み込まれたレキュペレイティブバーナも廃熱回収機器の一種といえる。

　ヒートパイプは，密閉管内に封入された液体が受熱端で蒸発し，与熱側で凝縮することにより伝熱するもので，高温側と低温側が完全に仕切られるので漏

れ込みがないこと，単位容積当たりの伝熱面積を大きくとれるのでコンパクトにできること，伝熱面が管外のみで圧損が小さいこと，高低温側の伝熱面積比を変えてメタル温度を酸露点以上に維持できることなどの利点がある。受熱端と与熱端を離して管でつなぐ分離形は，大規模設備で大径ダクトの模様替えが困難なときに適用される。

（イ）ヒートポンプ

ヒートポンプは，外部から仕事や熱量を供給することにより，低温の熱源から熱を奪い，高温の熱として供給する装置をいう。ヒートポンプは，構成が冷凍機と同じであり，加熱のみでなく冷却にも切替え使用でき，暖房冷房を兼用することができる。ヒートポンプは，温度を上昇させる幅が小さいほど，外部から供給する仕事や熱量が少なくなる特徴がある。

また，冷却を要するプロセスと加熱を要するプロセスが近接していれば，冷却工程で奪った熱を昇温して加熱工程に供給することができ，最も効率的なヒートポンプの使い方になる。

（ウ）廃熱回収機器の保守点検

燃焼排ガスやプロセス排水などの廃熱源は一般的にばいじん・粉じんや浮遊物質など不純物を含んでいるので，定期的に伝熱面の掃除を行わなければならない。

また，熱交換器のチューブ漏れや管寄せ部からの漏れ，回転蓄熱式熱交換器のシール部からの漏れにも注意する必要がある。

（3）　各種の廃熱回収

（ア）燃焼排ガスの熱回収

ⅰ）概要

回収熱の利用法としては，発生と消費のパターンが一致する自工程で使用できる燃焼用空気予熱，給水予熱が最も多いが，乾燥・予熱用熱風としての直接利用，原料加熱，燃料予熱，水蒸気発生及びこれらの組み合わせがある。

基準部分（工場）Ⅰ2-2(3)①
ア．排ガスの廃熱の回収利用は，排ガスを排出する設備等に応じ，廃ガスの

温度又は廃熱回収率について管理標準を設定して行うこと。
　イ．ア．の管理標準は，別表第2(A)に掲げる廃ガス温度及び廃熱回収率の値
　　を基準として廃ガス温度を低下させ廃熱回収率を高めるように設定するこ
　　と。
目標及び措置部分（工場）Ⅱ1－2(3)
　排ガスの廃熱の回収利用については，別表第2(B)に掲げる廃ガス温度及び
廃熱回収率の値を目標として廃ガス温度を低下させ廃熱回収率を高めるよう
努めること。

ⅱ) 燃焼排ガス熱回収設備の留意点

　燃焼排ガスからの廃熱回収設備を計画するに当たっては腐食対策及び漏れ対
策を十分に検討する必要がある。燃焼排ガスからの廃熱回収で最も注意しなけ
ればならないのは硫酸ミストによる低温腐食の問題である。硫酸ミストによる低
温腐食を避けるためには，排ガスと接触する伝熱面に耐食性の材料を使用する
か，伝熱面の温度を硫酸ミストの酸露点より高く保つようにしなければならない。

ⅲ) 燃焼用空気予熱時の留意点

　燃焼用空気予熱は可燃限界の拡張，火炎温度の上昇など一般的には燃焼に良
い影響を与えるが，燃焼機器の耐熱性，NOx増加，燃焼用空気密度の低下に
よる風量増加などに留意する必要がある。

基準部分（工場）Ⅰ2－2(3)④
　ア．廃熱を排出する設備から廃熱回収設備に廃熱を輸送する煙道，管等を新
　　設・更新する場合には，空気の侵入の防止，断熱の強化その他の廃熱の温
　　度を高く維持するための措置を講ずること。
　イ．廃熱回収設備を新設・更新する場合には，廃熱の排出状況等を調査する
　　とともに，廃熱回収率を高めるため，伝熱面の性状及び形状の改善，伝熱
　　面積の増加等の措置を講ずること。また，蓄熱設備やヒートポンプ等の採
　　用等により，廃熱利用が可能となる場合にはこれらを採用すること。

（イ）プロセス廃熱の回収

　プロセス内で発生する廃熱の媒体をそのままプロセス内で直接利用する，あ
るいは熱回収によって得られた媒体の熱をプロセス内に戻して利用する場合，
プロセスの効率向上に直接寄与するものであり，燃料節減に直接有効である。

（ウ）焼却炉の熱回収

工場の廃棄物焼却炉の廃熱回収では最も多いのが蒸気回収で, 他に温水回収, 熱媒体加熱, 空気予熱, 排液蒸発, 汚泥やペーパースラッジの乾燥などがある。蒸気タービンによる発電例もあるが多くはない。排ガスを再循環している例もあり, これも廃熱回収の一種といえる。

（エ）温排水からの熱回収

温度は低くても大量の温水が発生するときには, そのまま利用する, あるいは熱交換して使用することを考える。比較的低温の温水を大量に使用しているところでは, 給水温度を少し上げただけでも, 加熱に必要な熱量を大幅に節減することができる。

排出される温水が比較的清浄な場合にはそのまま温水として使用できるが, 排水が汚れているときには熱交換して使用することになる。熱交換器を使用するときには, 温排水による伝熱面の汚れが問題になるが, プレート式熱交換器のように掃除が簡単にできるものを使えば解決できる。

温排水の温度が低いためそのままでは使い道がない場合でも, 温排水をヒートポンプの低温の熱源とすれば, 外部から供給する仕事や熱量は小さくても, 暖房や給湯に十分使用できる温度の温水を得ることができる。

2.2.10　工業炉

（1）　種類

工業炉は**表 2.12** のようにそれぞれの業種に固有の炉が多数ある。

表 2.12 工業炉の種類

業種	炉の種類 (例)
鉄鋼業	高炉, 熱風炉, 焼結炉, コークス炉, 転炉, アーク炉, 加熱炉, 焼鈍炉
鋳造業	キュポラ, 誘導溶解炉, 保持炉, 熱処理炉, 乾燥炉
非鉄金属精錬業	ばい焼炉, 精錬炉, 溶解炉, 加熱炉, 熱処理炉
窯業	溶解炉, 仮焼炉, 焼成炉, 徐冷炉
化学工業	蒸留加熱炉, 分解炉, 改質炉, 反応炉, 乾留炉, 乾燥炉
機械加工業	焼結炉, めっき炉, 熱処理炉, 乾燥炉
共通	廃棄物焼却炉

　熱源で分類すると燃料を熱源とする燃焼加熱炉と電気炉があるが，ここでは前者を対象として述べる。また，操業方式で分類すると連続炉とバッチ炉に分類される。

　基準部分（工場）I 2 - 2(2 - 1)④イ
（カ）直火バーナー，液中燃焼等により被加熱物を直接加熱することが可能な場合には，直接加熱を行うこと。
（サ）ボイラー，ヒートポンプ，工業炉並びに蒸気，温水等の熱媒体を用いる加熱設備及び乾燥設備等の設置については，使用する温度レベル等を勘案し熱効率の高い設備を採用するとともに，その特性，種類を勘案し，設備の運転特性及び稼動状況に応じて，所要動力に見合った容量のものを採用すること。

（2） 省エネルギー対策

（ア）バーナ管理

　バーナは，炉の寸法・形状，材料の状態，燃料の性状，加熱負荷に応じて，適正な容量，燃料調節範囲（ターンダウン比），火炎形状（長さや広がり）をもつものが設置されているが，操業負荷の変化やバーナ及び付属機器の経時変化により最適点から外れてくる。したがって，火炎の色や形状，炉内ガスの曇り具合を常時目視点検して，燃焼が正常に行われているかどうかを確認しなけ

ればならない。

（イ）リジェネレイティブバーナ

　ガラス溶解窯のように高温を必要とする炉では切替式の蓄熱室を設け，その一方に燃焼排ガスを通してその熱を蓄え，15 ～ 30 分後に燃焼用空気に切り替え，蓄えた熱を移して高温の予熱空気を得ている。リジェネレイティブバーナは，この蓄熱室を小型化してバーナと一体化したもので，蓄熱体の熱容量が小さいので切替えは数十秒ごとに行われる。

> 目標及び措置部分（工場）Ⅱ 1 - 2(1)
> ウ．バーナーの新設・更新にあたり，リジェネレイティブバーナー等の熱交換器と一体となったバーナーを採用することにより熱効率の向上が可能な場合には，これらの採用を検討すること。

（ウ）低空気比燃焼

　排ガス損失削減対策の一つとして，系内への過剰な空気流入防止による排ガス量の減少，すなわち空気比の低減がある。過剰空気の流入は，炉温の低下，酸素分圧の増加による NOx 濃度の増加，鋼材加熱炉でのスケール生成増加という悪影響にもつながる。

> 基準部分（工場）Ⅰ 2 - 2(1)①
> ア．燃料の燃焼の管理は，燃料の燃焼を行う設備（以下「燃焼設備」という。）及び使用する燃料の種類に応じて，空気比についての管理標準を設定して行うこと。
> イ．ア．の管理標準は，別表第1(A)に掲げる空気比の値を基準として空気比を低下させるように設定すること。
> 目標及び措置部分（工場）Ⅱ 1 - 2(1)
> ア．別表第1(B)の空気比の値を目標として空気比を低下させるよう努めること。
> イ．空気比の管理標準に従い空気比を管理できるようにするため，燃焼制御装置を設けるよう検討すること。

（エ）ヒートパターン改善

　ヒートパターンは，連続加熱炉では炉内における高温ガスの温度分布をいい，

また，バッチ炉では時間経過に伴う温度変化曲線のことで，被加熱材の温度上昇速度を左右する重要な要素である。

連続加熱炉において，被加熱材装入口近くから温度を高く設定すると急速加熱となり，加熱能力は増すが，排ガス温度が高くなる。被加熱材装入口近くは温度を低くし，なだらかに温度を上げていけば，加熱能力は低下するが均熱性が良く，排ガス損失も少なくなる。

> 基準部分（工場）Ⅰ2－2(2－1)①
> イ．加熱，熱処理等を行う工業炉については，設備の構造，被加熱物の特性，加熱，熱処理等の前後の工程等に応じて，熱効率を向上させるように管理標準を設定し，ヒートパターン（被加熱物の温度の時間の経過に対応した変化の態様をいう。以下同じ。）を改善すること。

（オ）炉内圧の調整

加熱炉には材料の装入口や抽出口，あるいは炉の天井や側壁部分の亀裂など多くの開口部があるため，炉内圧の大小により炎が吹き出したり，外気を吸い込んだりする。

炉内圧が高くて放炎していることは熱効率から考えて好ましくないばかりでなく，放炎している部分の壁を損傷したり作業所内部の環境を悪くするので，煙道ダンパの開度を調整し炉内圧を適正値にする必要がある。

炉内圧が外気より低いときには冷たい外気を吸い込むため炉内が冷却され，炉内を所定の温度に保つには余分の燃料が必要になる。さらに，バーナには適正な空気量を送っていても炉内は過剰空気の多い燃焼となり，排ガス量が増えるため排ガス損失が大きくなる。

（カ）炉体損失の低減

加熱炉では炉内温度が高いため炉壁からの放熱量が大きくなる。乾燥炉においても，炉内温度は低いが表面積が大きいため，炉全体からの放熱量は多くなる。

> 基準部分（工場）Ⅰ2－2(5－1)①
> ア．熱媒体及びプロセス流体の輸送を行う配管その他の設備並びに加熱等を

　　行う設備（以下「熱利用設備」という。）の断熱化の工事は，日本産業規格
　　A 9501（保温保冷工事施工標準）及びこれに準ずる規格に規定するところ
　　により行うこと。

　イ．工業炉を新たに炉床から建設するときは，別表第3(A)に掲げる炉壁外面
　　温度の値（間欠式操業炉又は1日の操業時間が12時間を超えない工業炉の
　　うち，炉内温度が500℃以上のものにあっては，別表第3(A)に掲げる炉壁
　　外面温度の値又は炉壁内面の面積の70パーセント以上の部分をかさ密度の
　　加重平均値1.0以下の断熱物質によって構成すること。）を基準として，炉
　　壁の断熱性を向上させるように断熱化の措置を講ずること。また，既存の
　　工業炉についても施工上可能な場合には，別表第3(A)に掲げる炉壁外面温
　　度の値を基準として断熱化の措置を講ずること。

目標及び措置部分（工場）II 1 - 2(2)②

　ア．工業炉の炉壁外面温度の値を，別表第3(B)に掲げる炉壁外面温度の値
　　（間欠式操業炉又は1日の操業時間が12時間を超えない工業炉のうち，炉
　　内温度が500℃以上のものについては，別表第3(B)に掲げる炉壁外面温度
　　の値又は炉壁内面の面積の80パーセント以上の部分をかさ密度の加重平均
　　値0.75以下の断熱物質によって構成すること。）を目標として炉壁の断熱
　　性を向上させるよう努めること。

基準部分（工場）I 2 - 2(5 - 1)④

　ア．熱利用設備を新設・更新する場合には，断熱材の厚さの増加，断熱性の
　　高い材料の利用，断熱の二重化等により断熱性を向上させること。また，
　　耐火断熱材を使用する場合には，十分な耐火断熱性能を有する耐火断熱材
　　を使用すること。

　イ．熱利用設備を新設・更新する場合には，熱利用設備の開口部については，
　　開口部の縮小又は密閉，二重扉の取付け，内部からの空気流等による遮断
　　等により，放散及び空気の流出入による熱の損失を防止すること。

　ウ．熱利用設備を新設・更新する場合には，熱媒体を輸送する配管の経路の
　　合理化，熱源設備の分散化等により，放熱面積を低減すること。

　エ．熱利用設備の回転部分，継手部分等については，シールを行う等の熱媒
　　体の漏えいを防止するための措置を講じること。

基準部分（工場）I 2 - 2(2 - 1)④イ

（ウ）工業炉の炉内壁面等については，その性状及び形状を改善することによ
　　り，放射率の向上を図ること。

（オ）工業炉の炉体，架台及び治具，被加熱物を搬入するための台車等は，熱
　　容量の低減を図ること。

バッチ式加熱炉では，炉壁への蓄熱量も考慮しなければならない。蓄熱量は

材料の熱容量に比例して大きくなるので，間欠的に使用する加熱炉では，熱容量の小さい断熱材を使う必要がある。

　断熱材としてセラミックファイバを使えば，同じ断熱効果を得るための全体の厚さをかなり小さくすることができるとともに，蓄熱量を大幅に低減できるため大きな効果が期待できる。

（キ）操業方法の検討

　これまで述べた各項目は，加熱炉自体を効率良く使用するためのものであるが，実際に問題になるのは，燃料原単位である。操業方法が同じであれば，加熱炉からの損失熱量を少なくすれば燃料原単位も低下するが，同じ加熱炉を使用しても単位時間当たりの装入量が異なれば，燃料原単位は大きく変化する。

　基準部分（工場）I 2 - 2(2 - 1)①
　ウ．加熱等を行う設備は，被加熱物又は被冷却物の量及び炉内配置について
　　　管理標準を設定し，過大負荷及び過小負荷を避けること。
　エ．複数の加熱等を行う設備を使用するときは，設備全体としての熱効率が
　　　高くなるように管理標準を設定し，それぞれの設備の負荷を調整すること。
　オ．加熱を反復して行う工程においては，管理標準を設定し，工程間の待ち
　　　時間を短縮すること。
　カ．加熱等を行う設備で断続的な運転ができるものについては，管理標準を
　　　設定し，運転を集約化すること。
　基準部分（工場）I 2 - 2(2 - 1)④イ
　(ケ) 被加熱材の水分の事前除去，予熱，予備粉砕等の事前処理によりエネル
　　　ギーの使用の合理化が図れる場合には，適切な予備処理を実施すること。
　目標及び措置部分（工場）II 1 - 2(2)①
　オ．高温で使用する工業炉と低温で使用する工業炉の組合せ等により，熱を
　　　多段階に利用して，総合的な熱効率を向上させるよう検討すること。
　カ．加熱等の反復を必要とする工程については，連続化若しくは統合化又は
　　　短縮若しくは一部の省略を行うよう検討すること。

（ク）廃熱回収

i）燃焼排ガスの廃熱回収

　燃焼排ガスの廃熱回収設備を計画するときは，それに先立って空気比改善による排ガス量減少，炉内伝熱改善による排ガス温度低下を徹底的に行って，廃熱回収設備が過大にならないようにしておくことが大切である。

　回収廃熱の利用先としては，位置近接，時間一致の点で燃焼用空気の予熱が最も一般的である。そのための機器としてはレキュペレータ（加熱炉排ガスによる空気予熱用交換器），レキュペレイティブバーナ，リジェネレータ，リジェネレイティブバーナ，ヒートホイールなどが用いられる。

ii）冷却帯または冷却機排気の熱利用

　高熱処理した製品は，輸送や取扱いのために空気冷却されるが，この排気は高温多量であり廃熱回収の対象となる。

iii）冷却水廃熱回収

　加熱炉の冷却水は一般に低温で利用しにくいが，スキッドボイラでは冷却を加圧下で行い，蒸気を発生させて利用することも行われている。

　基準部分（工場）Ⅰ2－2(3)①
　ア．排ガスの廃熱の回収利用は，排ガスを排出する設備等に応じ，廃ガスの温度又は廃熱回収率について管理標準を設定して行うこと。
　イ．ア．の管理標準は，別表第2(A)に掲げる廃ガス温度及び廃熱回収率の値を基準として廃ガス温度を低下させ廃熱回収率を高めるように設定すること。
　ウ．蒸気ドレンの廃熱の回収利用は，廃熱の回収を行う蒸気ドレンの温度，量及び性状の範囲について管理標準を設定して行うこと。
　エ．加熱された固体若しくは流体が有する顕熱，潜熱，圧力，可燃性成分等の回収利用は，回収を行う範囲について管理標準を設定して行うこと。
　オ．排ガス等の廃熱は，原材料の予熱等その温度，設備の使用条件等に応じた適確な利用に努めること。
　基準部分（工場）Ⅰ2－2(3)④
　ア．廃熱を排出する設備から廃熱回収設備に廃熱を輸送する煙道，管等を新設・更新する場合には，空気の侵入の防止，断熱の強化その他の廃熱の温度を高く維持するための措置を講じること。
　イ．廃熱回収設備を新設・更新する場合には，廃熱の排出状況等を調査するとともに，廃熱回収率を高めるため，伝熱面の性状及び形状の改善，伝熱面積の増加等の措置を講じること。また，蓄熱設備やヒートポンプ等の採用等により，廃熱利用が可能となる場合にはこれらを採用すること。
　目標及び措置部分（工場）Ⅱ1－2(3)
　　排ガスの廃熱の回収利用については，別表第2(B)に掲げる廃ガス温度及び廃熱回収率の値を目標として廃ガス温度を低下させ廃熱回収率を高めるよう努めること。

2.2.11 断熱（保温）材

（1） 概要

　加熱炉壁面や蒸気輸送管からの放熱を低減するため壁面や管外表面に断熱材を取り付けるが，断熱材として具備すべき条件として以下のようなものが考えられる。

① 熱伝導率が小さい
② 密度が小さい
③ 長時間使用しても変形や変質しない
④ 施工が容易であり確実にできる
⑤ 安価である

（2） セラミックファイバ

　炉壁断熱材料としては強度が大きいが重く，熱伝導率が大きい耐火れんが，耐火断熱れんがやキャスタブルに代わって軽量で断熱性のよいセラミックファイバが多用されるようになってきている。

　セラミックファイバの使用には次のような利点がある。①軽量であるため，炉のフレームなどの構造体や基礎も軽量になる。②熱容量が小さいので，バッチ炉では蓄熱損失の低減になり，連続炉でも温度調節を鋭敏化できる。③施工も容易で，乾燥や予熱が不要で工期が短縮される。

　一方，高温での長期使用につれて結晶化による脆化，収縮，炉内ガス流れによる剥離を起こすので，点検補修を怠らぬことが大切である。

　基準部分（工場）Ⅰ2−2(5−1)①

　ア．熱媒体及びプロセス流体の輸送を行う配管その他の設備並びに加熱等を行う設備（以下「熱利用設備」という。）の断熱化の工事は，日本産業規格A 9501（保温保冷工事施工標準）及びこれに準ずる規格に規定するところにより行うこと。

　イ．工業炉を新たに炉床から建設するときは，別表第3(A)に掲げる炉壁外面温度の値（間欠式操業炉又は1日の操業時間が12時間を超えない工業炉のうち，炉内温度が500℃以上のものにあっては，別表第3(A)に掲げる炉壁

外面温度の値又は炉壁内面の面積の70パーセント以上の部分をかさ密度の加重平均値1.0以下の断熱物質によって構成すること。）を基準として，炉壁の断熱性を向上させるように断熱化の措置を講じること。また，既存の工業炉についても施工上可能な場合には，別表第3(A)に掲げる炉壁外面温度の値を基準として断熱化の措置を講じること。

目標及び措置部分（工場）Ⅱ1－2(2)②

ア．工業炉の炉壁外面温度の値を，別表第3(B)に掲げる炉壁外面温度の値（間欠式操業炉又は1日の操業時間が12時間を超えない工業炉のうち，炉内温度が500℃以上のものについては，別表第3(B)に掲げる炉壁外面温度の値又は炉壁内面の面積の80パーセント以上の部分をかさ密度の加重平均値0.75以下の断熱物質によって構成すること。）を目標として炉壁の断熱性を向上させるよう努めること。

イ．真空断熱等により，熱利用設備の断熱性を向上させるよう検討すること。

基準部分（工場）Ⅰ2－2(5－1)④

ア．熱利用設備を新設・更新する場合には，断熱材の厚さの増加，断熱性の高い材料の利用，断熱の二重化等により断熱性を向上させること。また，耐火断熱材を使用する場合には，十分な耐火断熱性能を有する耐火断熱材を使用すること。

基準部分（工場）Ⅰ2－2(2－1)④イ

（ウ）工業炉の炉内壁面等については，その性状及び形状を改善することにより，放射率の向上を図ること。

2.2.12　空調設備

空調設備については『エネルギー管理士試験講座Ⅳ［熱分野］』『同［電気分野］』の中にも記述されており，ここでは判断基準の記載を中心に記述する。

（1）　運転管理についての管理標準の設定

工場等判断基準の「Ⅰ　エネルギーの使用の合理化の基準」の中で空気調和設備の運転管理について定めている。

基準部分（工場）Ⅰ2－2(2－2)①

ア．製品製造，貯蔵等に必要な環境の維持，作業員のための作業環境の維持

を行うための空気調和においては，空気調和を施す区画を限定し負荷の軽減及び区画の使用状況等に応じた設備の運転時間，温度，換気回数，湿度等についての管理標準を設定して行うこと。

イ．工場内にある事務所等の空気調和の管理は，空気調和を施す区画を限定し，ブラインドの管理等による負荷の軽減及び区画の使用状況等に応じた設備の運転時間，室内温度，換気回数，湿度，外気の有効利用等についての管理標準を設定して行うこと。なお，冷暖房温度については，政府の推奨する設定温度を勘案した管理標準とすること。

ウ．空気調和設備を構成する熱源設備，熱搬送設備，空気調和機設備の管理は，外気条件の季節変動等に応じ，冷却水温度や冷温水温度，圧力等の設定により，空気調和設備の総合的なエネルギー効率を向上させるように管理標準を設定して行うこと。

エ．空気調和設備の熱源設備が複数の同機種の熱源機で構成され，又は使用するエネルギーの種類の異なる複数の熱源機で構成されている場合は，外気条件の季節変動や負荷変動等に応じ，稼働台数の調整又は稼働機器の選択により熱源設備の総合的なエネルギー効率を向上させるように管理標準を設定して行うこと。

オ．熱搬送設備が複数のポンプで構成されている場合は，負荷変動等に応じ，稼働台数の調整又は稼働機器の選択により熱搬送設備の総合的なエネルギー効率を向上させるように管理標準を設定して行うこと。

カ．空気調和機設備が同一区画において複数の同機種の空気調和機で構成され，又は種類の異なる複数の空気調和機で構成されている場合は，混合損失の防止や負荷の状態に応じ，稼働台数の調整又は稼働機器の選択により空気調和機設備の総合的なエネルギー効率を向上させるように管理標準を設定して行うこと。

　ア．では製品製造，貯蔵などに必要な環境の維持，作業員のための作業環境の維持を目的とした空気調和の管理についてルールを決めて管理することを要求しており，負荷を軽減するための方策や機器の発停時間・温度・湿度・換気回数などについて管理標準を設定することを求めている。

　イ．では，工場内にある事務所などの空気調和の管理についてルールを決めて管理することを要求しており，負荷を軽減するための方策や機器の発停時間・室内温度・湿度・換気回数，外気の有効利用などについて管理標準を設定することを求めている。特に室内温度については，設定値を変えるだけで大きな効果が得られることから「政府の推奨する温度」を強調している。

ウ．では，外気条件の季節変動などに応じて空気調和設備の総合効率を向上させるように管理標準を設定することを求めている。

エ．では，熱源設備が複数の熱源機の場合，運転する機種や台数を調整又は選択することで熱源設備の総合効率を向上させるように管理標準を設定することを求めている。

オ．では，熱搬送設備が複数のポンプの場合，運転する機種や台数を調整又は選択することで熱搬送設備の総合効率を向上させるように管理標準を設定することを求めている。

カ．では，空気調和機設備が，同一区画において複数の空気調和機の場合，運転する機種や台数を調整又は選択することで空気調和機設備の総合効率を向上させるように管理標準を設定することを求めている。

（2）　新設・更新に当たっての措置

基準部分（工場）Ⅰ2－2(2－2)④
ア．空気調和設備，給湯設備を新設・更新する場合には，必要な負荷に応じた設備を選定すること。
イ．空気調和設備を新設・更新する場合には，次に掲げる事項等の措置を講じることにより，エネルギーの効率的利用を実施すること。
（ア）熱需要の変化に対応できる容量のものとし，可能な限り空気調和を施す区画ごとに個別制御ができるものを採用すること。
（イ）効率の高い熱源設備を使ったヒートポンプシステム，ガス冷暖房システム等を採用すること。
（ウ）負荷の変動が予想される空気調和設備の熱源設備，熱搬送設備は，適切な台数分割，台数制御及び回転数制御，部分負荷運転時に効率の高い機器又は蓄熱システム等の効率の高い運転が可能となるシステムを採用すること。また，熱搬送設備については，変揚程制御を採用すること。
（エ）空気調和設備を負荷変動の大きい状態で使用する場合には，負荷に応じた運転制御を行うことができるようにするため，回転数制御装置等による変風量システム及び変流量システムを採用すること。
（オ）空気調和を行う部分の壁，屋根については，厚さの増加，断熱性の高い材料の利用，断熱の二重化等により，空気調和を行う部分の断熱性の向上を検討すること。また，窓については，断熱及び日射遮へいのために，フィルム，ブラインド又は複層ガラス等による対策を実施すること。

（カ）配管及びダクトについては，断熱性の高い材料の利用等により，断熱性の向上を図ること。

（キ）全熱交換器を採用することにより，夏期や冬期の外気導入に伴う冷暖房負荷を軽減すること。また，中間期や冬期に冷房が必要な場合には，外気冷房制御を採用すること。その際，加湿を行う場合には，水加湿方式を採用することにより，冷房負荷を軽減すること。

（ク）熱を発生する生産設備等が設置されている場合には，ダクトの使用や熱媒体を還流させるなどにより空気調和区画外に直接熱を排出し，空気調和の負荷を増大させないようにすること。

（ケ）作業場全域の空気調和を行うことが不要な場合には，作業者の近傍のみに局所空気調和を行う，あるいは放射暖房などにより空気調和に要する負荷を低減すること。また，空気調和を行う容積等を極小化すること。

（コ）建屋に隙間が多い場合や開口部がある場合には，可能な限り閉鎖し空気調和に要する負荷を低減すること。

（サ）エアコンディショナーの室外機の設置場所や設置方法については，日射や通風状況，集積する場合の通風状態等を考慮し決定すること。

（シ）空気調和を施す区画ごとの温度，湿度その他の空気の状態の把握及び空気調和効率の改善に必要な事項の計測に必要な計量器，センサー等を設置するとともに，工場エネルギー管理システム（以下「FEMS」という。）等のシステムの採用により，適切な空気調和の制御，運転分析を実施すること。

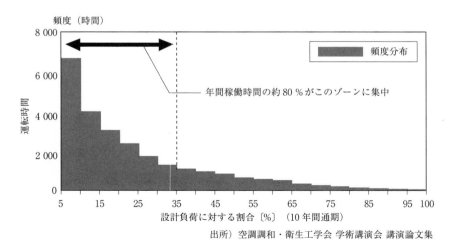

出所）空調調和・衛生工学会　学術講演会　講演論文集

図 2.37　事務所ビルにおける空調機器設備の運転稼働実態

　（ウ）と（エ）の項目の背景には**図2.37**に示すように空調機器が「部分負荷」で運転される状態が非常に長いことがあり，この部分負荷時に高効率運転が実現できるシステムを求めている。

（3）　目標部分の要求事項

> 目標及び措置部分（工場）Ⅱ1－2(6)
> ①　空気調和設備
> 　　空気調和設備に関しては，次に掲げる事項等の措置を講じることにより，エネルギーの効率的利用の実施について検討すること。
> ア．工場等に冷房と暖房の負荷が同時に存在する場合には，熱回収システムの採用について検討すること。また，廃熱を有効に利用できる場合には，熱回収ヒートポンプ，廃熱駆動型熱源機の採用についても検討すること。
> イ．二酸化炭素センサー等による外気導入量制御の採用により，外気処理に伴う負荷の削減を検討すること。また，夏期以外の期間の冷房については，冷却塔により冷却された水を利用した冷房を行う等により熱源設備が消費するエネルギーの削減を検討すること。
> ウ．送風量及び循環水量が低減できる大温度差システムの採用について検討すること。
> エ．デシカント外気処理機や顕熱・潜熱分離処理方式等の採用について検討すること。
> オ．空気調和の対象エリア等を考慮して，タスク・アンビエント空気調和設備や放射型空気調和設備の採用について検討すること。
> カ．負荷特性等を勘案し，熱源のハイブリッド化の採用等について検討すること。

2.2.13　受変電設備及び配電設備とその運用

（1）　受電方式

（ア）契約電力

　2016（平成28）年4月より電気の小売業への参入が完全自由化され，自由に電気事業者を選択できるようになった。

　電力会社から需要家への電力需給は，電力会社との電力需給契約に基づいて行われる。電力需給契約の詳細については，各電力会社に確認されたい。

契約電力が2000kW未満の需要家には6.6kVの高圧が，2000kW以上の需要家には22kV以上の特別高圧が選定されるのが一般的であるが，供給設備の事情もあり，選定は必ずしも契約電力のみにはよらない。**表2.13**は，ある電力会社の契約電力別の標準供給電圧を示す。

（イ）受電方式

1回線受電は，最も経済的であるが信頼度は他の方式に比べて劣る。2回線受電には，受電及び母線構成形態により，いくつかの方式がある。スポットネットワーク

表2.13 契約電力別供給電圧の例

契約電力	供給電圧
50 kW以上2 000 kW未満	6.6 kV
2 000 kW以上10 000 kW未満	22 〃
10 000 kW以上50 000 kW未満	66 〃
50 000 kW以上	154 〃

受電は，一次側1回線故障時にも無停電で供給を継続することのできる極めて信頼度の高い方式であるが，変圧器の利用率が低く建設費の高いことが難点である。

（2） 配電方式

（ア）電圧の種類

現在，わが国で使用されている配電電圧には，次のようなものがある。

① 低圧 　　交流600V以下（100, 200, 100/200, 230, 400, 230/400 V）
　　　　　　直流750V以下

② 高圧 　　低圧の限度を超えて7kV以下のもの（3.3, 6.6kV）

③ 特別高圧 7kV超過のもの（11.4, 22, 33kV）

（イ）配電線の電力損失

配電線路の電力損失は流れる電流の2乗及び線路の抵抗に比例する。すなわち，線路電流をI〔A〕，線路1線の1m当たりの抵抗をr〔Ω/m〕，線路のこう長をl〔m〕とすれば，電力損失p_1〔W〕は次式で示される。

$$p_1 = N \cdot r \cdot I^2 \cdot l \ \text{〔W〕} \tag{2.97}$$

ただし，Nは回路方式により決まる定数で，単相二線式または単相三線式の場合は$N = 2$，三相三線式または三相四線式の場合は$N = 3$である。

　配電系統の損失は，線路の抵抗損失と変圧器の損失が支配的要因である。損失の低減には，設計段階において，適切な電圧及び適切な電線太さ，並びに電源を負荷中心点に置くような回路構成などの選定が必要である。また，運用段階において，負荷電流の平衡化を意識した供給回線の選択，軽負荷時の変圧器無負荷損の低減を目的とした一部変圧器バンクの運転停止及び負荷切換などを行うことが必要である。

　基準部分（工場）Ⅰ2−2(5−2)①
　イ．受変電設備の配置の適正化及び配電方式の変更による配電線路の短縮，
　　　配電電圧の適正化等について管理標準を設定し，配電損失を低減すること。
　基準部分（工場）Ⅰ2−2(5−2)
　③　受変電設備及び配電設備は，良好な状態に維持するように保守及び点検
　　　に関する管理標準を設定し，これに基づき定期的に保守及び点検を行うこ
　　　と。

（3）　変圧器

　変圧器は，「鉄心と二つ又はそれ以上の巻線を持つ静止誘導機器であり，電磁誘導作用により交流電圧及び電流の一つの系統から，電圧及び電流が一般に異なる他の系統に同一周波数で電力を伝達することを目的として変圧する機器である」と定義されている。

（ア）変圧器の基本事項

　巻線抵抗と漏れ磁束がなく，鉄心の飽和と損失を無視しうる理想的な単相二巻線変圧器について考える（**図2.38** 参照）。

ⅰ）誘導起電力

　一次巻線に交流電圧を印加すれば鉄心内に交番磁束が生じ，これによって一次及び二次巻線に次式で表される誘導起電力（実効値）E_1〔V〕及び E_2〔V〕が発生する。ただし，Φ_m は磁束の最大値〔Wb〕，f は周波数〔Hz〕，N_1 及び N_2 は一次巻線及び二次巻線の巻数である。

$$E_1 = 4.44\,f\cdot N_1\cdot \Phi_m, \quad E_2 = 4.44\,f\cdot N_2\cdot \Phi_m \quad \left(4.44 = \frac{2\pi}{\sqrt{2}}\right) \tag{2.98}$$

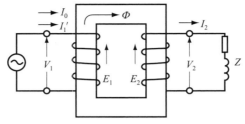

図 2.38　変圧器の原理図

ii）巻数比

巻数比を a とすれば次式が成立する。

$$a = \frac{N_1}{N_2} = \frac{E_1}{E_2} = \frac{I_2}{I_1'} \cong \left(\frac{I_2}{I_1} \right) \qquad (2.99)$$

iii）容量

定格容量 P_2〔V・A〕は定格二次電圧 V_2〔V〕及び定格二次電流 I_2〔A〕から定められる。すなわち,

$$P_2 = V_2 \cdot I_2 \qquad (2.100)$$

変圧器の銘板に記載された定格一次電圧は定格二次電圧に巻数比 a を乗じた値である。負荷状態（遅れ力率）において定格二次電圧を得るために一次巻線に加えるべき電圧はこれより少し大きい。

定格一次電流は定格二次電流を巻数比で除した値をいう。実際の一次電流はこれに励磁電流が加わる。

実際の変圧器では,巻線には抵抗があり,鉄心中には鉄損が生ずる。また,一次巻線あるいは二次巻線の電流による磁束が,すべて二次巻線または一次巻線と鎖交するとは限らず,漏れリアクタンスを生ずる。

（イ）損失及び効率

i）損失

変圧器の全損失は無負荷損（鉄損と誘電体損）P_i と負荷損（銅損と漂遊負荷損）P_c の和である。他に補機損が存在するが全損失には含めない。無負荷

損は変圧器の出力に関係なく一定であり，負荷損は変圧器の負荷電流の2乗に比例して増減する。

ii）効率

変圧器の効率 η〔%〕は次式で表される。ただし，P_2 は出力（皮相電力）〔V・A〕，P_i は無負荷損〔W〕，P_c は皮相電力 P_2 における負荷損〔W〕，$\cos\phi$ は負荷力率である。効率の算定に当たり，負荷損は，変圧器の絶縁の耐熱クラスによって定められた基準巻線温度に換算した値を用いる。

$$\eta = \frac{P_2 \cos\phi}{P_2 \cos\phi + P_i + P_c} \times 100 \tag{2.101}$$

低負荷時には鉄損が相対的に大きく，高負荷時には負荷損が大きくなる。無負荷損と負荷損が等しくなる負荷点において効率は最大となる。**図2.39** は負荷に対する損失と効率の関係の一例を示す。

iii）全日効率

変圧器の負荷は終日一定ではなく，配電用変圧器では日中と真夜中では数倍異なることがある。無負荷損は負荷に無関係に一日中発生するが，負荷損は負荷に伴って変動する。変圧器の利用のされ方を表すのに全日効率 η_d〔%〕が使用される。

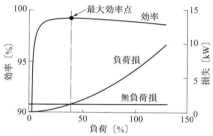

図2.39　変圧器の負荷，損失，効率の関係

$$\eta_d = \frac{1日の出力の積算値}{1日の入力電力量} = \frac{W_t}{W_t + 24P_i + W_c} \times 100 \tag{2.102}$$

ここで，W_t は1日の出力の積算値〔W・h〕，P_i は無負荷損〔W〕，P_c は負荷損（負荷に伴って変化）〔W〕，W_c は負荷損 P_c の1日の積算値である。$24P_i = W_c$ となるときに全日効率は最大となる。

（ウ）変圧器の省エネルギー対策

変圧器の省エネルギー対策としては，高効率運転を心がけるとともに，低損

失変圧器を適用して無負荷損の低減を図ることが重要である。

i）無負荷時の解列

　変圧器には無負荷時でも励磁電流が流れており，無負荷損が生じている。複数の変圧器がいずれも低負荷で運転されている場合は，負荷を統合して変圧器の運転効率の向上を図るとともに，無負荷になった変圧器を解列する。なお，最近の低損失形変圧器では，無負荷損の一層の減少に伴い，最大効率点が全負荷の 1/2 以下に移行する傾向にあることも考慮する必要がある。

基準部分（工場）I 2 - 2(5 - 2)①
ア．変圧器及び無停電電源装置は，部分負荷における効率を考慮して，変圧器及び無停電電源装置の全体の効率が高くなるように管理標準を設定し，稼働台数の調整及び負荷の適正配分を行うこと。
基準部分（工場）I 2 - 2(5 - 2)③
　受変電設備及び配電設備は，良好な状態に維持するように保守及び点検に関する管理標準を設定し，これに基づき定期的に保守及び点検を行うこと。

---

ii）台数制御

　複数台の変圧器が並行運転している場合は，負荷の変動に合わせて総合損失が最少となるように運転台数を制御する。

iii）低損失変圧器の適用

　変圧器のように常時接続状態に置かれる機器の省エネルギーには，無負荷損の低減効果が大きい。JIS 準拠の標準形油入変圧器でも，2005 年の規格改定により無負荷損が大幅に減少したが，最近市場に出ているアモルファス形では，無負荷損が，鉄心にけい素鋼帯を使用した変圧器よりさらに減少している。

基準部分（工場）I 2 - 2(5 - 2)④
イ．特定エネルギー消費機器に該当する受変電設備に係る機器を新設・更新する場合には，当該機器に関する性能の向上に関する製造事業者等の判断の基準に規定する基準エネルギー消費効率以上の効率のものを採用すること。

---

iv）負荷の平準化

　変圧器のように一日中使用し，その間の負荷が一定でないものは，全日効率を良くするよう負荷の平準化を図る。

[例題　3.6]

　　次の文章は「工場等におけるエネルギーの使用の合理化に関する事業者の判断の基準」の一部である。　　　　の中に入れるべき最も適切な字句を解答群から選び答えよ。

　　工場の受変電設備及び配電設備においては，線路抵抗の低減や線路電流の低減により配電損失を低減することが望まれる。
　「工場等判断基準」の「基準部分（工場）」は，受変電設備の配置の適正化及び配電方式の変更による配電線路の短縮，　1　等について管理標準を設定し，配電損失を低減すること，を求めている。

（語　群）
　　　ア　電気の使用の平準化　　　イ　電圧不平衡の防止
　　　ウ　配電電圧の適正化

【解　答】
　1－ウ

【解　説】
　受変電設備の配電損失は，（電流^2×線路抵抗）に比例するため，同じ距離で同じ電力を供給する場合は電圧を上げて電流を下げるか，電線サイズをアップして線路抵抗を下げることが重要である。線路抵抗を下げるその他の方法としては，負荷までの配電線経路を短縮する方法がある。

（4）　工場負荷
　工場負荷は業種の違い，規模の大小などにより，それぞれ異なる負荷形態，運転条件を有している。この負荷の状況により電気事業者からの受電や自家発電の発生電力が左右される。工場が電気事業者から受電する電力と，工場内の異なる多くの負荷設備の合計負荷電力から自家発電所の発生電力を引いた電力

とは，時間的に常に等しくなければならない。

　電気事業者から工場が受電する電力は一般に需要電力と呼ばれる。すなわち，

$$需要電力 = 合計負荷電力 - 自家発生電力 \qquad (2.103)$$

となる。需要電力の最大を最大需要電力といい，わが国では一般に30分の平均電力の最大値が用いられ，これが電気事業者との契約電力を決める大きな要素となっている。

　工場の電力使用状況を表す負荷諸係数として次のようなものがある。

（ア）需要率

　需要率とは最大需要電力の設備容量に対する比率をいい，次式で表される。

$$需要率 = \frac{最大需要電力〔kW〕}{設備容量〔kW〕} \times 100 〔\%〕 \qquad (2.104)$$

　ここで，設備容量として，①工場の全負荷設備の合計設備容量〔kW〕が用いられる場合と，②受電変圧器の合計定格容量〔kV・A〕をキロワット換算したものが用いられる場合がある。

（イ）負荷率

　負荷率とは，ある期間中の負荷の平均電力のその期間中の負荷の最大電力に対する比率をいい，次式で表される。

$$負荷率 = \frac{ある期間の平均電力〔kW〕}{最大負荷電力〔kW〕} \times 100 〔\%〕 \qquad (2.105)$$

　電気事業者からの受電を検討する場合には，分子の平均電力に代わり平均需要電力が，分母の最大負荷電力に代わり最大需要電力が用いられる。

　自家発電設備がある場合には，需要率，負荷率を受電点で考えるか，負荷設備で考えるかによって意味が異なってくるので注意を要する。

（ウ）不等率

　不等率とは，負荷個々の最大電力合計の合成最大電力に対する比をいい，次式で表される。

$$不等率 = \frac{負荷個々の最大電力の合計〔kW〕}{合成最大電力〔kW〕} \qquad (2.106)$$

　個々の負荷はそれぞれの特性に応じて最大負荷となる時刻が異なるのが普通

であるので，不等率は常に1以上である。

基準部分（工場）Ｉ2－2(5－2)①
カ．電気を使用する設備（以下「電気使用設備」という。）の稼働について管
　理標準を設定し，調整することにより，工場における電気の使用を平準化
　して最大電流を低減すること。
キ．その他，電気使用設備への電気の供給の管理は，電気使用設備の種類，
　稼働状況及び容量に応じて，受変電設備及び配電設備の電圧，電流等電気
　の損失を低減するために必要な事項について管理標準を設定して行うこと。
基準部分（工場）Ｉ2－2(5－2)④
ア．受変電設備及び配電設備を新設・更新する場合には，電力の需要実績と
　将来の動向について十分な検討を行い，受変電設備の配置，配電圧，設備
　容量を決定すること。

（5）　電圧管理
（ア）電圧降下

　樹枝状平衡負荷線路の電圧降下は，電源端及び負荷端の中性点に対する電圧
（送配電の分野では相電圧と呼ぶ。）をそれぞれ E_S〔V〕及び E_R〔V〕とすれ
ば，電圧降下 ΔE〔V〕は，電圧降下が小さい場合は，実用上次の簡略式で計
算される。

$$\Delta E = E_S - E_R \cong I \cdot (R\cos\phi + X\sin\phi) \tag{2.107}$$

　ただし，I は線路電流〔A〕，R は回路の一相当たりの抵抗〔Ω〕，X は回路
の一相当たりのリアクタンス〔Ω〕，$\cos\phi$ は力率である。
　三相回路の線間電圧降下 ΔV〔V〕は相電圧降下 ΔE の $\sqrt{3}$ 倍で次式のように
なる。

$$\Delta V \cong \sqrt{3}\,I \cdot (R\cos\phi + X\sin\phi) \tag{2.108}$$

　また，電圧降下率 ε〔%〕は次のようになる。

$$\varepsilon = \frac{E_S - E_R}{E_R} \times 100 \;〔\%〕 \tag{2.109}$$

（イ）電圧調整

　電圧調整の目的は，配電系統全般にわたってすべての負荷設備の電圧変動幅を適正な範囲に入れることである。この適正範囲については，電気事業法施行規則により，「その電気の供給点において標準電圧に応じ，次のような値に維持すること」が定められている。

標準電圧	維持すべき値
100 V	101 ± 6 V
200 V	202 ± 20 V

　基準部分（工場）Ⅰ2−2(5−2)
②　工場における電気の使用量並びに受変電設備及び配電設備の電圧，電流等電気の損失を低減するために必要な事項の計測及び記録に関する管理標準を設定し，これに基づきこれらの事項を定期的に計測し，その結果を記録すること。
　基準部分（工場）Ⅰ2−2(5−2)①
オ．三相電源に単相負荷を接続させるときは，電圧の不平衡を防止するよう管理標準を設定して行うこと。

（6）　力率管理

　負荷には固有の力率があり，それは一般に遅れ力率である。力率が悪いと無効電力の比率が高まるため線路電流が増加し，線路損失が増大する。損失低減のためには力率を改善することが必要である。

　負荷力率を $\cos\phi_1$ から $\cos\phi_2$ に改善すれば電流は I_1〔A〕から I_2〔A〕に減少し，次のような効果が得られる。ただし，R は線路抵抗一相分〔Ω〕，X は線路リアクタンス一相分〔Ω〕，

$$\alpha = \frac{I_2}{I_1} = \frac{\cos\phi_1}{\cos\phi_2}$$　は電流低減率である。

①　配電損失の低減
一相当たりの線路損失低減量 ΔP〔W〕は次式のとおりである。

$$\Delta P = \left(I_1^2 - I_2^2\right)\cdot R = I_1^2 \cdot (1-\alpha^2)\cdot R \tag{2.110}$$

②　電圧降下の低減

相電圧の電圧降下の低減量 ΔV〔V〕は次式のとおりである。

$$\Delta V = (I_1 \cdot R\cos\phi_1 + I_1 \cdot X\sin\phi_1) - (I_2 \cdot R\cos\phi_2 + I_2 \cdot X\sin\phi_2)$$
$$= X \cdot I_1 \cdot (\sin\phi_1 - \alpha\sin\phi_2) \tag{2.111}$$

③　電力基本料金の節減

電力自由化の下でも，一般に基本料金（（7）参照）は次式で表され，力率〔%〕が改善されれば基本料金が低減される。

基本料金を算出する場合の力率は1カ月の有効電力量と無効電力量とから求められる。

$$基本料金 = 契約基本料金単価 \times \left(1 + \frac{85 - 力率}{100}\right) \tag{2.112}$$

力率の調整は進相コンデンサの開閉により行うのが一般的である。力率調整の方法には，時間制御によるもの，無効電力制御によるもの，力率制御によるものなどがある。

基準部分（工場）Ⅰ2－2(5－2)①
ウ．受電端における力率については，95パーセント以上とすることを基準として，別表第4に掲げる設備（同表に掲げる容量以下のものを除く。）又は変電設備における力率を進相コンデンサの設置等により向上させること。ただし，発電所の所内補機を対象とする場合はこの限りでない。
エ．進相コンデンサは，これを設置する設備の稼働又は停止に合わせて稼働又は停止させるように管理標準を設定して管理すること。
目標及び措置部分（工場）Ⅱ1－2(5)②
受電端における力率を98パーセント以上とすることを目標として，別表第4に掲げる設備（同表に掲げる容量以下のものを除く。）又は変電設備における力率を進相コンデンサの設置等により向上させるよう検討すること。

（7）　負荷管理

（ア）電気料金

電力会社と需要家との電力需給契約では，電気料金は，一般に基本料金と電力量料金の合計を基本として計算され，契約種別や契約電力により異なる。

1カ月の支払い電気料金は次式により計算される。

支払電気料金 = 基本料金 + 電力量料金 + 再生可能エネルギー発電賦課金

$$+ 太陽光発電促進付加金 \hspace{4em} (2.113)$$

ただし，

$$基本料金 = 契約電力〔kW〕× 基本料金単価〔円/kW〕× 力率割引 \hspace{2em} (2.114)$$

（力率割引については式（2.112）参照）

$$電力量料金 = 月間電力使用量〔kW・h〕× 電力量単価〔円/(kW・h)〕$$
$$+ 燃料費調整額 \hspace{4em} (2.115)$$

電力量単価は時間帯別に設定され，月間電力使用量も時間帯別に計測される。

$$燃料費調整額 = 月間使用電力量〔kW・h〕× 燃料費調整単価〔円/(kW・h)〕$$
$$(2.116)$$

なお，消費税はそれぞれの単価に含まれる。

電力需給契約には，標準的なメニューによる契約と選択メニューによる契約とがある。電力会社は，負荷平準化，ピーク負荷抑制，深夜電力の活用による電源開発投資の節減及び発電設備の効率的運用などによって発電原価を低減し，省エネルギーを図っている。選択メニューによる契約は，需要家の利用形態が，この目的に合致する場合に適用され，割安な料金となっている。

（イ）デマンド制御

デマンド制御は，電気使用の便益を損なうことなく最大需要電力を一定の値以下に止め，電力設備の効率的運転と省エネルギー化を推進することを目的とするものである。電気料金の面でも，基本料金は契約電力によって定まり，契約電力は最大需要電力によって左右されるので，常に最大需要電力が契約電力以下であるように監視し，契約電力を超えないように対策をとることが重要である。

2.2.14　電動機及び電動力応用

（1）　電動力応用

（ア）仕事と動力

機械的な仕事（すなわち機械エネルギー）を必要としている対象（負荷となる機械装置）に対し，電動機を動力源として仕事をさせるのが電動力応用であ

る。電動機は，入力として電源から電気エネルギーを受け，これを機械エネルギーに変換して負荷に与える一種のエネルギー変換装置である。

　電気的なパワーは電力〔W〕，機械的なパワーは（機械）動力〔W〕であって，**図2.40**のように電動機への入力P_i（電力）は出力P_o（動力）に変換される。

　一般の電動機は回転運動によって負荷に動力を提供するため，電動機軸に発生するトルクT_m〔N・m〕と回転角速度ω_m〔rad/s〕とから$P_o = \omega_m \cdot T_m$〔W〕が成立する。

（イ）電動機の選択

　電動力の応用は対象とする負荷に動力を供給することにあり，負荷の要求する特性に応じた電動機を選択する必要がある。また，目的とする仕事を行うためには電動機の次の諸特性を考慮して負荷に適した電動機を選択することが重要である。

①始動トルク：一般に整流子を持つ電動機は始動トルクが大きい。特に直流直巻電動機は始動トルクが大きく，始動点付近の低速で大きなトルクを出すことができる。

②トルクと回転速度：誘導電動機はトルクが変化しても回転速度があまり変化しない。直流直巻電動機はトルクによって速度が大きく変化し，無負荷では回転速度が極端に上昇する。

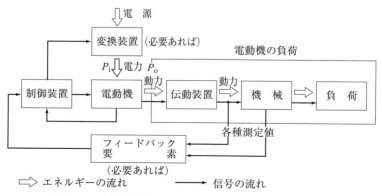

図2.40　電動機運転におけるエネルギーと信号の流れ

③定速度性：誘導電動機は無負荷でも定格負荷でも速度はあまり変化しない（数パーセント程度）。同期電動機は負荷や電圧が変化しても回転速度が変化しない。

④速度制御：直流電動機及び交流整流子電動機は電圧を変えることにより速度を連続的に変えることができる。誘導電動機は周波数と極数で定まる同期速度近くで回転するため，電圧変化による速度の変化は小さい。

⑤制動：回転の制動は直流電動機では容易である。誘導電動機では機械式ブレーキを用いることがある。

速度制御，停止の位置決めなどは電動機単体では限度があるが，最近はインバータ技術とフィードバック技術により，電動機の種類にあまり左右されずに，誘導電動機あるいは同期電動機を用いて負荷特性，制御方法，電動機特性を総合的に組み合わせて最適な運転ができるようになってきた。特にポンプ，ファン，冷凍機などは，速度を変えることによって効率的な運転ができる。

基準部分（工場）Ⅰ2-2(6-1)②
　電動力応用設備，電気加熱設備等の設備については，電圧，電流等電気の損失を低減するために必要な事項の計測及び記録に関する管理標準を設定し，これに基づきこれらの事項を定期的に計測し，その結果を記録すること。
目標及び措置部分（工場）Ⅱ1-2(5)①
ア．電動力応用設備を負荷変動の大きい状態で使用する場合には，負荷に応じた運転制御を可能とするため，回転数制御装置等を設置するよう検討すること。
イ．電気使用設備ごとに，電気の使用量，電気の変換により得られた動力，熱等の状態，当該動力，熱等の利用過程で生じる排ガスの温度その他電気使用設備に係る電気の使用状態を把握するため，センサーや監視装置等の利用による的確な計測管理を検討すること。

（2）　三相誘導電動機

　誘導機は「固定子及び回転子が互いに独立した電機子巻線を有し，一方の巻線が他方の巻線から電磁誘導作用によってエネルギーを受けて動作する非同期機である」と定義されている。定常状態において同期速度と異なる速度で回転する交流機であり，交流電源に接続される巻線を一次巻線，他方の巻線を二次

巻線と呼ぶ。

（ア）種類

回転子の構造により次のような種類がある。

① かご形誘導電動機

二次巻線がスロット内に収められた多数の銅または銅合金の棒状の導体と，これらを短絡する端絡環とから成る。中小形の汎用機では導体，端絡環及びファンを一体としたアルミニウム合金製の鋳造品が広く用いられている。

普通かご形誘導電動機は，通常，3.7 kW 以下の小容量機に適用される。

特殊かご形誘導電動機は，始動電流を制限し，始動トルクを大きくするために二次巻線を特殊構造としたものであり，二重かご形電動機と深溝かご形電動機とがある。

② 巻線形誘導電動機

二次巻線は絶縁された三相巻線で，通常，波巻である。巻線はコイル終端部でリード線に接続され，リード線は軸内部を通って軸端に設けられたスリップリングに接続され，ブラシを経て始動あるいは速度制御用の抵抗器などに至る。

（イ）特性

ⅰ）基本事項

①同期速度：電源周波数を f_1〔Hz〕，電動機の極数を p とすれば，同期速度 n_s〔min^{-1}〕は次式で表される。

$$n_s = \frac{120 f_1}{p} \tag{2.117}$$

②回転速度：電動機の滑りを s とすれば，回転速度 n〔min^{-1}〕は次式で表される。

$$n = n_s \cdot (1 - s) \tag{2.118}$$

③滑り：電動機の回転速度を n〔min^{-1}〕とすれば，滑り s は次式で表される。

$$s = \frac{n_s - n}{n_s} \tag{2.119}$$

④二次周波数（滑り周波数）：電動機の滑りを s とすれば，二次周波数 f_2 は

次式で表される。

$$f_2 = s \cdot f_1 \text{〔Hz〕} \qquad \left(\therefore n_\mathrm{s} - n = \frac{120 f_2}{p} \right) \tag{2.120}$$

ii）損失と効率

誘導電動機に発生する損失には次のようなものがある。

①固定損：固定子鉄心及び回転子鉄心の鉄損，並びに回転子及び冷却ファンの風損，軸受摩擦損などの機械損

②直接負荷損：固定子及び回転子鉄心の銅損（周囲温度によって変化する。）

③漂遊負荷損：負荷に起因して鉄心，導体及びその他の金属部分に発生する損失

電動機自身の効率を向上するには，導体断面積の増加，低損失けい素鋼板の使用，冷却効果の改善に基づく冷却ファンの縮小による風損の低減などがある。

効率 η は次式により求める。

$$\eta = \frac{\text{出力}}{\text{入力}} = \frac{\text{入力} - \text{全損失}}{\text{入力}} \times 100 = \frac{P_1 - P_\mathrm{t}}{P_1} \times 100 \text{〔%〕} \tag{2.121}$$

$$P_\mathrm{t} = P_\mathrm{G} + P_\mathrm{h} + P_\mathrm{m} + P_\mathrm{c1} + P_\mathrm{c2} \text{〔W〕} \tag{2.122}$$

ここに，P_1 は電動機入力〔W〕，P_t は総損失〔W〕，P_G は漂遊負荷損〔W〕，P_h は鉄損〔W〕，P_m は機械損〔W〕，P_c1 は一次抵抗損〔W〕，P_c2 は二次抵抗損〔W〕である。**図 2.41** に誘導電動機の損失と効率の一例を示す。

（ウ）始動と速度制御

ⅰ）始動

・かご形誘導電動機（普通かご形及び特殊かご形）

①全電圧始動：始動トルクは定格の $100 \sim 200$ %，始動電流は定格の $500 \sim 700$ % となる。かご形電動機は，電動機自身としては全電圧始動時の大きな電流に耐え得るので，電源容量的に許されれば，小容量機のみならず中・大容量機に適用してもよい。

②低減電圧始動：電源系統的に全電圧始動が許されないときには低減電圧始動を行う。これには，スターデルタ始動，リアクトル始動及び補償器始動の３方式があり，いずれも電動機の端子電圧を低減することによって始動

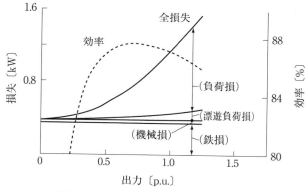

図2.41　三相誘導電動機の損失と効率

電流を抑制している。

③ソフトスタート：インバータを用いて始動時の滑りを定格運転時に近い値に保ち，始動電流を定格値に近い値として始動する。多頻度始動停止を行っても電源に与える影響が少ない。ただし，始動電流に限度がある点は注意を要する。

・巻線形誘導電動機

始動抵抗器を最大値から順次減少して行くと，比例推移によりトルク一定のまま滑りを小さくできる。始動電流を定格の 100 〜 150 % に保てる。巻線形はかご形に比べて始動特性が優れているので，特に大きな始動トルクが必要とされる場合に用いられる。

ⅱ）速度制御

・かご形誘導電動機

①一次周波数制御：周波数に比例して同期速度が変わることを利用したものであり，通常，周波数に比例して電圧も変え，電動機のギャップ磁束密度を一定に保つ（V/f　一定制御）。インバータと組み合わせて，現在最も多用されている方式である。

②一次電圧制御：トルク速度特性曲線が電圧の 2 乗に比例して変わることを利用して速度制御を行う。

③極数変換：同期速度が極数によって変化することを利用しているが，構造

が複雑であり，速度の調整が段階的になる。

・巻線形誘導電動機

①二次抵抗制御：トルクの比例推移を利用し，二次抵抗値を加減して速度制御を行う。低速度にすると負荷損が増加し，効率が低下する欠点がある。

②二次励磁制御：二次回路に加える滑り周波数の電圧を変え，二次電源との間で電力の授受を行いながら効率良く速度制御を行う。

（3）　永久磁石式同期電動機

　希土類永久磁石の性能向上とともに，永久磁石式同期電動機が産業応用分野でも採用されるようになってきた。永久磁石式同期電動機は，三相誘導電動機に比べて高効率，高力率，低騒音，小型省スペースなどの特徴があり，すでに40 kW 程度のものも実用化されている。

　永久磁石式同期電動機には，回転子構造により埋込磁石式（IPM 電動機）と表面磁石式（SPM 電動機）とがあるが，産業用電動機には専ら埋込磁石式が用いられている。埋込磁石式同期電動機では，電流位相を最適な進み角に制御することにより特性が著しく改善される。さらに，低速領域では最大トルク制御を，高速領域では弱め磁束制御を行うことにより，効率を低下させることなく運転領域を拡大することができる。

（4）　電動機の省エネルギー対策

　誘導電動機の省エネルギー対策には，次のような配慮が必要である。

①適正容量の電動機の選定：負荷に見合った適正な容量の電動機を選定することで不必要な電力の消費を防止する。電動機の軽負荷又は無負荷での運転は効率・力率が共に悪い。適正な容量の電動機に変更することにより，効率が高く，力率が良い動作点で運転することができる（一般に誘導電動機は定格出力の 60 ～ 100 ％ 負荷で効率が最大となる）。

基準部分（工場）Ⅰ 2 - 2(6 - 1)①

　イ．複数の電動機を使用するときは，それぞれの電動機の部分負荷における効率を考慮して，電動機全体の効率が高くなるように管理標準を設定し，

稼動台数の調整及び負荷の適正配分を行うこと。
基準部分（工場）Ⅰ2-2(6-1)④
ウ．電動機については，その特性，種類を勘案し，負荷機械の運転特性及び
　稼動状況に応じて所要出力に見合った容量のものを配置すること。

②不必要な運転の排除：作業段取りなどで無負荷状態が続くときは電動機の
　運転を停止する。また，間欠負荷に対しては空運転をやめ，インバータ制
　御などを適用して頻繁に始動・停止を行う。

基準部分（工場）Ⅰ2-2(6-1)①
ア．電動力応用設備については，電動機の空転による電気の損失を低減する
　よう，始動電力量との関係を勘案して管理標準を設定し，不要時の停止を
　行うこと。

③回転速度制御：時間帯や季節によって負荷が変化する場合，回転速度制御
　により負荷に応じた電力消費として軽負荷時の電力を軽減することができ
　る。特にインバータ制御を用いれば自由に回転速度を選定できるため，負
　荷状態によって最適回転速度が変化するポンプ，送風機などに適用すると
　効果的である。

基準部分（工場）Ⅰ2-2(6-1)①
ウ．ポンプ，ファン，ブロワー，コンプレッサー等の流体機械については，
　使用端圧力及び吐出量の見直しを行い，負荷に応じた運転台数の選択，回
　転数の変更等に関する管理標準を設定し，電動機の負荷を低減すること。
　なお，負荷変動幅が定常的な場合には，配管やダクトの変更，インペラー
　カット等の対策を実施すること。
目標及び措置部分（工場）Ⅱ1-2(5)①
ア．電動力応用設備を負荷変動の大きい状態で使用する場合には，負荷に応
　じた運転制御を可能とするため，回転数制御装置等を設置するよう検討す
　ること。

④高効率電動機の採用：高効率誘導電動機は，鉄心材料，高密度巻線，回転
　子の絶縁処理の技術開発などで損失低減が図られ，標準仕様の電動機に比
　べ効率が数パーセント向上している。特に年数を経ている電動機は，最新

の高効率電動機に交換することにより省エネルギーを達成できる。

⑤力率の改善：一次端子に並列に力率改善用コンデンサを接続する。ただし，インバータ駆動の場合はコンデンサを接続してはならない。

[例題 3.7]

次の文章は「工場等におけるエネルギーの使用の合理化に関する事業者の判断の基準」の一部である。□□□の中に入れるべき最も適切な字句を解答群から選び答えよ。

電動機は，一般に，負荷が低くなると効率が低くなる特性がある。
「工場等判断基準」の「基準部分（工場）」は，電動力応用設備において，複数の電動機を使用するときは，それぞれの電動機の部分負荷における効率を考慮して，電動機全体の効率が高くなるように管理標準を設定し，□1□及び負荷の適正配分を行うこと，を求めている。

（語　群）
　　ア　入力電圧の調整　　イ　力率の調整　　ウ　稼働台数の調整

【解　答】

　1－ウ

【解　説】

電動機の効率は，一般的に定格近傍で最高効率となるように設計されているため部分負荷時には効率が低下する。このため，複数の電動機を使用する場合は，電動機の種類に応じた部分負荷特性を把握し，必要な負荷に対応して稼働台数の調整や負荷の適正配分を行うことにより，全体として高効率な運転を維持することが求められる。

（5）　クレーン・コンベヤ

（ア）クレーンの種類・構造

　クレーンは船舶・鉄道の荷役，工場等における資材・製品の移動などを行う機械装置である。ここでは工場等で一般に多く使用されている天井クレーンについて述べる。

　天井クレーンは**図2.42**に示すように梁の上に設けた走行レール上に車輪を有する桁を渡し，桁に設けたレール上を巻上げ・横行装置を備えたトロリーを走らせる。品物を移動するときは，まず途中の障害物より高い位置まで荷を巻上げ，横行・走行によって所定位置まで移動し，品物を巻き下げる。

（イ）クレーン用電動機の所要動力

　一般工場用天井クレーンのように始動頻度があまり高くなく，温度上昇についてあまり問題にしなくてもよい場合は，所要動力を次のように概算する。

①巻上げ用電動機：巻上げ吊り荷の質量をW_1〔kg〕，巻上げ速度をv_1〔m/min〕，巻上げ装置の機械効率をη_1〔%〕，重力の加速度を$g = 9.8$ m/s^{2}とすると，巻上げ用動力P_1〔kW〕は次式で表される。

$$P_1 = W_1\, g\, \frac{v_1}{60} \cdot \frac{100}{\eta_1} \,\text{〔W〕} \cong \frac{W_1 \cdot v_1}{6\,120} \cdot \frac{100}{\eta_1} \tag{2.123}$$

②横行用電動機：トロリーの質量をW_2〔kg〕，横行速度をv_2〔m/min〕，横行抵抗を$c_2 g$〔N/kg〕，横行装置の機械効率をη_2〔%〕とすると，横行用動力P_2〔kW〕は次式で表される。

$$P_2 = (W_1 + W_2) \cdot c_2\, g\, \frac{v_2}{60} \cdot \frac{100}{\eta_2} \,\text{〔W〕} \cong \frac{(W_1 + W_2) \cdot c_2 \cdot v_2}{6\,120} \cdot \frac{100}{\eta_2} \,\text{〔kW〕} \tag{2.124}$$

③走行用電動機：桁の質量をW_3〔kg〕，走行速度をv_3〔m/min〕，走行抵抗

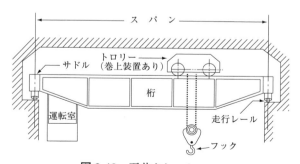

図2.42　天井クレーン

を c_3g〔N/kg〕，走行装置の機械効率を η_3〔%〕とすると，走行用動力 P_3〔kW〕は P_2 と同様に次式で表される。

$$P_3 = (W_1 + W_2 + W_3) \cdot c_3 g \times \frac{v_3}{60} \cdot \frac{100}{\eta_3}〔\mathrm{W}〕 \cong \frac{(W_1 + W_2 + W_3) \cdot c_3 \cdot v_3}{6120} \cdot \frac{100}{\eta_3} \qquad (2.125)$$

（ウ）クレーン用電動機と制御方式

クレーンの負荷には，横行・走行・旋回のような水平駆動荷重と，巻上げ，俯仰（ふぎょう）のような吊り下げ垂直動作荷重とがある。駆動と制動のために2象限あるいは4象限の運転モードが必要である。また，吊り落とし防止の制動トルクの確保，頻繁な寸動運転（インチ運転）ができることが必要である。

近年，かご形誘導電動機をインバータで駆動する速度制御方式が急速に普及してきた。巻上げ用の4象限運転，吊り落とし防止にはPWM制御のインバータが適している。

（エ）クレーンの省エネルギー対策

①機械損失の低減：減速機の効率，走行抵抗及び横行抵抗が電動機出力に影響するので，減速機や軸受の保守を定期的に行う。

②電動機容量：巻上げ速度，横行速度及び走行速度が電動機出力に影響するので，電動機容量の見直しに当たっては，作業内容をチェックし必要以上の高速度運転を要求しないことが望ましい。

③運転方法の見直し：巻線形誘導電動機を使用している場合には，二次抵抗が短絡されない形での低速運転は，二次抵抗での熱損失を生じるので避けるようにする。また，走行停止時の逆相制動も走行中の運動エネルギーを二次抵抗で消費することになるので，できるだけ惰行運転をすることが望ましい。

④制御方式の見直し：インバータの採用による回転速度制御を適用することにより，回転速度を連続的・効率的に可変にでき，また，回生制動が可能であるので，低速運転の多いクレーンなどには有利となる。

（オ）ベルトコンベヤ

コンベヤには，ベルトコンベヤ，スクリューコンベヤ，チェーンコンベヤ，振動コンベヤなどがあるが，ベルトコンベヤは大きな輸送力を持ち，構造も簡単なことから運転信頼度が高く保守も容易である。

図 2.43 に示すベルトコンベヤの所要動力 P_m 〔kW〕は次式で計算される。

$$P_\mathrm{t}=P_1+P_2+P_3=0.06f\cdot W\cdot V\frac{L+L_0}{367}+f\cdot Q_\mathrm{t}\cdot p'\frac{L+L_0}{367}\pm\frac{p'\cdot Q_\mathrm{t}\cdot H}{367},\ P_\mathrm{m}=P_\mathrm{t}\cdot\frac{100}{\eta}$$

$$\text{〔kW〕}\quad(2.126)$$

ただし，P_1 は無負荷動力〔kW〕，P_2 は水平負荷動力〔kW〕，P_3 は垂直負荷動力〔kW〕，P_t は合計所要動力〔kW〕，P_m は電動機出力〔kW〕，L はコンベヤの水平機長〔m〕，L_0 は中心距離修正機長〔m〕，f はローラの回転摩擦係数，W は運搬物以外の運動部分の質量〔kg/m〕，V はベルト速度〔m/min〕，Q_t は公称運搬能力〔t/h〕，H は揚程〔m〕，p' は補正ピーク率，η は機械効率〔％〕である。

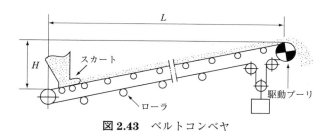

図 2.43　ベルトコンベヤ

（カ）ベルトコンベヤの省エネルギー対策

①運搬物以外の運動部分の質量の削減：ローラ及びベルトの質量をできるだけ減らす。

②機械的損失の低減：ローラの回転摩擦係数をできるだけ小さくし，保守により良好な状態を保つ。

③搬送距離の短縮：搬送する機器装置間の距離を短縮するようにレイアウトを変更する。

④コンベヤ形式の変更：重力を利用できる場合は動力不必要のローラコンベヤを使用する。

⑤空運転の防止

（6）　流体機械

（ア）ポンプ

ⅰ）ポンプの特性

　ポンプの回転速度 n を変えると流量 Q，揚程 H はともに変わるが，各回転速度の特性曲線間にはたがいに対応する点について次の関係が成立する。ただし，P は軸動力である。

$$Q \propto n, \; H \propto n^2, \; P \propto n^3 \tag{2.127}$$

　ポンプの運転点は，**図2.44** に示すように，ポンプの揚程曲線と管路抵抗曲線の交点で与えられる。管路抵抗曲線は，ポンプの吸込側と吐出側の水位差に相当する実揚程と管路の摩擦損失などの損失揚程の和である。

ii) ポンプの所要動力

　ポンプ駆動用電動機の所要出力 P_m〔kW〕は，水の場合，Q を流量〔m³/min〕，H を全揚程〔m〕，η をポンプ効率〔%〕とし，重力の加速度を 9.8 m/s² とすると，揚程に若干の裕度 α を持たせ次式で与えられる。

$$P_\mathrm{m} = \frac{9.8 Q \cdot H}{60} \cdot \frac{100}{\eta} \cdot (1+\alpha) = \frac{Q \cdot H}{6.12} \cdot \frac{100}{\eta} \cdot (1+\alpha) \;\text{〔kW〕} \tag{2.128}$$

iii) 流量・圧力の制御と可変速運転

　流量や圧力を制御する方法として，①吐出弁・調整弁の開度調整，②速度制御，③台数制御がある。

　図2.45 は，ポンプの末端圧一定制御を弁の開度調整で行う場合と速度制御で行う場合の原理を示したものである。揚程曲線 (n_1) を回転速度 n_1 でのポンプ全揚程，H_r を水頭で表した需要点水圧とすれば，管路抵抗曲線1と揚程曲線 (n_1) との交点Aの流量 Q_1 でポンプの全揚程と負荷の水頭が平衡する。流量を Q_2 に減少する場合，速度制御では回転速度を n_2 に低減すれば，全揚程が揚程曲線 (n_2) に変わり，新しい平衡点Bで運転することになる。弁の開度調整では開度を減らして損失水頭を変更すれば，平衡点がCに移動して末端圧を一定に保つことができる。ただし，ポンプの軸動力は流量と全揚程の積に比例するから，同じ流量であっても全揚程の小さなB点での運転が省エネルギー上は格段に有利となる。図の中で，$h_2 - \mathrm{C} - \mathrm{B} - h_3$ で囲まれた部分が弁開度調整を速度制御に変更した場合の節約動力に相当する。

iv) 省エネルギー対策

　流量・圧力の調整が必要な場合や流量が大きく変化する用途では，ポンプの

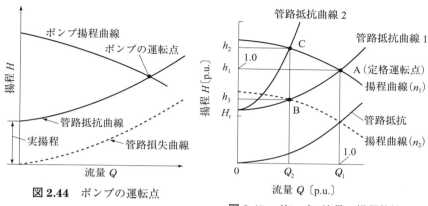

図2.44　ポンプの運転点

図2.45　ポンプの流量－揚程特性

可変速運転を行うと大きな省エネルギー効果が得られるため，かご形三相誘導電動機のインバータ駆動が急速に普及している。インバータ駆動の利点として，部分負荷時の動力削減，絞り損失の削減，流量・圧力制御が容易，高頻度始動・停止が可能などが挙げられる。

　可変速運転以外の省エネルギー対策としては，①流量の適正化，②揚程の低減，③運転時間の短縮，④高効率ポンプ及び電動機の選定，⑤適正な機器容量の選定，⑥インペラの取換えやカットなどの検討，⑦適正な保守管理（漏れの低減，ストレーナの清掃など），⑧運転パターンの適正化などが考えられる。

　基準部分（工場）Ⅰ2-2(6-1)①
　ウ．ポンプ，ファン，ブロワー，コンプレッサー等の流体機械については，使用端圧力及び吐出量の見直しを行い，負荷に応じた運転台数の選択，回転数の変更等に関する管理標準を設定し，電動機の負荷を低減すること。なお負荷変動幅が定常的な場合は，配管やダクトの変更，インペラカット等の対策を検討すること。
　基準部分（工場）Ⅰ2-2(6-1)③
　イ．ポンプ，ファン，ブロワー，コンプレッサー等の流体機械は，流体の漏えいを防止し，流体を輸送する配管やダクト等の抵抗を低減するように保守及び点検に関する管理標準を設定し，これに基づき定期的に保守及び点検を行うこと。

（イ）送風機

i）送風機の特性

図2.46 は送風機を一定回転速度で運転したときの特性を示す。中間風領域にサージング限界という圧力のピークがある。このため，サージング限界以下に風量を落とすことができない。

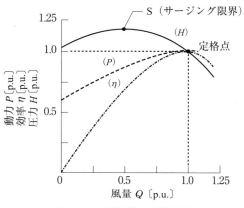

図2.46 送風機の諸特性例

回転速度を変化させると風量―圧力特性も変化し，ポンプの場合と同様に式（2.127）が成立する。

回転速度を下げると，サージング限界は左へ移動するため，一定回転速度の場合に比べ，少ない風量でも安定した運転を行うことができる。

ii）送風機の所要動力

送風機駆動用電動機の所要出力 P_m 〔kW〕は，吐出し圧力が比較的小さい場合，Q を風量〔m³/min〕，v を風速〔m/s〕，ρ を気体密度〔kg/m³〕，H を風圧〔Pa〕，η を機械効率〔%〕，α を裕度とすると次式で与えられる。

$$P_m = \frac{\rho \cdot Q \cdot v^2}{120} \cdot \frac{100}{\eta} \cdot (1+\alpha) \times 10^{-3} = \frac{Q \cdot H}{60\,000} \cdot \frac{100}{\eta} \cdot (1+\alpha) \ 〔kW〕 \qquad (2.129)$$

iii）風量・圧力の制御と可変速運転

システムに必要な風量・圧力を得る方法として，①ダンパの開度調整，②回転速度制御が挙げられる。

図2.47 はこれら二つの方法による風量制御の原理を示したものである。原理はポンプの場合と同様であるが，ポンプでは実揚程のため速度に下限があったのに対し，送風機では速度に下限はなく，省エネルギー効果は高い。図の中で，$h_2-C-B-h_3$ で囲まれた部分がダンパ開度調整を速度調整に変更した場合の節約動力に相当する。

iv）省エネルギー対策

　風量・圧力の調整が必要な場合，送風機の可変速運転を行うと大きな省エネルギー効果が得られるため，かご形三相誘導電動機のインバータ駆動が普及している。インバータ運転を行うと省エネルギー効果に加えて，始動加速時の回転子損失が少なく，頻繁な始動・停止が可能となる。

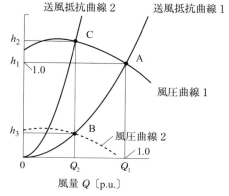

図 2.47　送風機の風量−風圧特性

　可変速運転以外の省エネルギー対策としては，風量の適正化，風圧の低減，適正な機器容量の選定，運転パターンの適正化など，ポンプの場合と同様の対策が考えられる。

（ウ）　圧縮機

i ）　圧縮機の所要動力

　圧縮機の理論動力は多少複雑である。断熱圧縮の場合，ガスの圧力と体積の間には次の関係がある。

$$p \cdot v^{\kappa} = 一定, \quad \kappa は比熱比(断熱指数)=定圧比熱／定容比熱 \qquad (2.130)$$

　この関係より風量 Q〔m³/min〕を圧力 p_1〔Pa〕から p_2〔Pa〕まで圧縮して移動させるための理論動力を求め，機械効率と断熱効率の積 η〔%〕，及び裕度 α を加味すると，電動機所要出力 P_{m}〔kW〕は次式のようになる。

$$P_{\mathrm{m}} = \frac{\kappa}{\kappa - 1} \cdot \frac{p_1 \cdot Q}{60\,000} \cdot \left[\left(\frac{p_2}{p_1} \right)^{\frac{\kappa-1}{\kappa}} - 1 \right] \cdot \frac{100}{\eta} \cdot (1 + \alpha) \ 〔\mathrm{kW}〕 \qquad (2.131)$$

ii ）　省エネルギー対策

　一般に小型圧縮機は往復式，中型はスクリュー回転式，大型はターボ遠心式が主流である。

　システムに必要な風量や圧力を得るために，吸入弁や吐出弁の開度調整を行うとエネルギー損失が大きい。

　往復式圧縮機の圧力制御にはアンローダ方式が適用される。吐出し圧力の変動はあるが，アンロード時には空気を圧縮しない状態で運転するので省エネルギー効果がある。

　回転式圧縮機の圧力制御には従来はアンローダ方式が適用されていたが，圧力変動が大きく，電動機が定速度であることから電力消費に無駄があった。インバータによる可変速制御を適用すれば，圧力制御精度の向上と省エネルギー化が図れる。

　圧縮機を複数台設置する場合，設備の許容圧力変動，コスト，保守などの面から集中設置と分散設置の2方式を使い分ける検討が必要である。集中設置の場合，比動力（単位圧縮空気量当たりの動力消費）の小さい大容量機を台数少なく設置することが望ましい。分散配置の場合は，小容量機で比動力が大きいことは否めないが，容量制御の検討が望ましい。分散配置は集中配置に比べコスト高であるが，空気圧適正運転により消費電力の無駄が省ける。また，複数圧縮機を負荷変動に応じて台数制御することも省エネルギー効果がある。

　その他の省エネルギー対策としては，①吐出し圧力の最低限必要圧力への低減，②配管の圧力損失と漏れ損失の改善，③圧縮機機械効率低下抑制のための保守，修理又は更新の実施などが考えられる。

　基準部分（工場）Ⅰ2-2(6-1)④
　オ．エアーコンプレッサーの設置にあたり，小型化し，分散配置することによりエネルギーの使用の合理化が図れる場合には，その方法を採用すること。また，圧力の低いエアーの用途には，減圧弁等による減圧はせず，低圧用のブロワ又はファンを利用すること。

2.2.15　電気加熱設備

（1）　電気加熱の特徴

　電気加熱は，電気エネルギーを熱エネルギーに変換し，伝導，対流，放射によって被加熱物を加熱するものである。

　電気加熱の特徴を挙げると次のとおりである。

　①　純粋に加熱エネルギーだけを供給できるので，クリーンな加熱となり作

業環境が良い。

②　加熱操作はスイッチの開・閉で容易に行うことができ，絶縁性が良く，安全性が高い。

③　全加熱システムが電気系で構成されるため，制御性が良い。

④　加熱目的に応じて適切な加熱方法が選択利用できる。

⑤　エネルギーを被加熱物の加熱を必要とする箇所へ集中して供給できる。

⑥　被加熱物を内部から加熱できるため，効率的な加熱となる。

⑦　高密度のエネルギーを供給できるため，超高温加熱が可能である。

⑧　真空内での加熱など雰囲気条件を自由に設定することができる。

⑨　一次エネルギーで考えた場合，通常は高価なエネルギーである。

　電気加熱は，このように燃料の燃焼による加熱，蒸気などによる加熱では得られない特徴をもっており，この観点から導入の検討が進められるが，導入に当たっては他の加熱方式と十分比較検討する必要がある。

> 基準部分（工場）Ⅰ2-2(6-1)④
> エ．電気加熱設備については，燃料の燃焼による加熱，蒸気等による加熱及び電気による加熱の特徴を比較検討して採用すること。また，温度レベルにより適切な加熱方式を採用すること。

（2）　電気加熱の種類

（ア）抵抗加熱

　抵抗加熱は，直接電源に接続された導電性物体中における電流のジュール熱を利用する加熱方法で，発熱体から発生する熱を被加熱物に伝える間接加熱方式と，被加熱物自身に直接電流を通じて加熱する直接加熱方式とがある。

　間接抵抗加熱は，複雑な形状の材料でも精密な温度で加熱ができ，加熱雰囲気の調整が簡単であり，かつ設備費が安いという特徴がある。

　直接抵抗加熱は，被加熱物に直接電流を流して加熱するので，装置が比較的簡単で効率が良く，急速加熱ができる。

（イ）アーク加熱

　アークは，大気中の放電によって電離した気体中での導電現象で，低電圧で

大電流が流れ，アーク中の気体温度は4 000 〜 6 000 Kに達する。アーク加熱はアークを高温熱源として利用する加熱方式で，鉄鋼をはじめ各種材料の加熱，溶解，精錬などに利用される。

　従来は交流アーク炉が利用されていたが，直流を電源とする直流アーク炉が開発工業化され，交流方式に比べアークが安定することから，騒音，フリッカの低減，電極損耗の減少などの利点を有する。

（ウ）プラズマ加熱

　プラズマは，原子や分子などの中性粒子と電子やイオンなどの荷電粒子から成る電気的中性条件を満たす電離気体の総称であり，そのエネルギーを利用して加熱や表面処理が行われる。プラズマのうち電離度の比較的低い状態のプラズマが工業的利用の対象となる。

　プラズマは熱プラズマと低温プラズマとに分かれる。

　熱プラズマは5 000 〜 30 000 Kの超高温の熱源であり，被加熱物への伝熱特性に優れ，化学的に活性をもつなどの優れた特性から金属合金の溶解・精錬，溶接，溶射，微粒子の生成，各種高温熱化学反応への応用などに使用される。

　低温プラズマは数百パスカル以下の低圧気体中のプラズマで，化学的活性に優れ，主としてプラズマ化学反応，例えば表面への物質の析出（プラズマCVD），表面の改質，表面物質の除去（エッチング）など表面処理などに利用される。

（エ）誘導加熱

　絶縁されたコイルの中に導電性の被加熱材を置き，このコイルに交流を通じると，被加熱材の中に交番磁束を生じ，渦電流が誘起される。誘導加熱はこの渦電流によるジュール熱によって加熱する方法である。

　誘導加熱では，導体（被加熱材）内に誘起される渦電流密度は表皮効果により表面から内部に進むに従い指数関数的に減少する。その電流密度が表面の電流密度の $\dfrac{1}{e}$（＝0.368）になる位置までの深さを電流の浸透深さと呼ぶ。この電流の浸透深さ δ〔cm〕は次式で与えられる。

$$\delta = 503\sqrt{\frac{\rho}{f \cdot \mu_\mathrm{r}}} \quad \text{〔m〕} \tag{2.132}$$

　ここで，ρ：導体の抵抗率〔Ω・m〕，μ_r：導体の比透磁率，f：周波数〔Hz〕である。

　したがって，誘導加熱においては，加熱目的，被加熱材の材質，形状，寸法に応じて，適切な周波数を選定する必要がある。

　誘導加熱の特徴は，被加熱材を無接触で直接加熱でき，高温，急速で効率の高い加熱が可能なことである。また，加熱周波数の選定により，金属の表面焼入れのような表面だけの局部加熱や，全体の均一加熱を自由に行うことができる。

（オ）誘電加熱

　2枚の平行板電極の間に，電気的絶縁物（誘電体）を挿入し，これに交流電圧を加えると，誘電体損失により発熱する。

　誘電体損失による発熱量は次式で与えられる。

$$P = \frac{5}{9} \cdot f \cdot E^2 \cdot \varepsilon_r \tan\delta \times 10^{-10} \quad \text{〔W/m}^3\text{〕} \tag{2.133}$$

　ここで，f：周波数〔Hz〕，E：電界の強さ〔V/m〕，ε_r：比誘電率，δ：誘電損角，$\varepsilon_r \tan\delta$：誘電損率（損失係数）である。

　誘電加熱は，誘電体に高周波を加えたときに生ずる誘電体損失を利用して加熱するものであり，その発熱量は周波数，誘電率，$\tan\delta$ に比例し，加える電圧の2乗に比例する。使用周波数としては，2〜数十メガヘルツの範囲が一般に使用される。

　誘電加熱は，誘電体を内部から高効率で加熱でき，急速加熱が可能で，均一加熱，局部加熱ができる特徴がある。

（カ）マイクロ波加熱

　マイクロ波加熱の原理は誘電加熱と基本的には同じであるが，誘電加熱と異なり，電極板を使用せず，導波管を通してマイクロ波をアプリケータ内の被加熱物に照射し加熱する。マイクロ波加熱は，誘電加熱では加熱が困難であった水分の多い食品や損失係数の比較的小さいゴムなどの加熱に使用され，電子レンジがその代表例である。

　マイクロ波加熱の特徴は，直接内部加熱であるため，急速加熱，高効率加熱が可能であり，複雑な形状のものでも，比較的均一加熱ができる。ただし，電磁波の漏れに対しては人体への安全のため十分配慮しなければならない。

（キ）赤外加熱

赤外放射は可視光より波長の長い電磁波で，0.76 ～ 1 000 μm の波長範囲のものをいう。赤外放射は物質に吸収されると光化学反応を示さず，そのエネルギーはほとんど熱に変換される。

赤外放射は光学的な高い周波領域にあるため，入射波のエネルギーはほとんど被加熱体の表面層部分で吸収され，内部に向かって急激に減衰する。この傾向は波長の短い近赤外放射に向かうほど著しく，同時にエネルギー密度も増大する。このため，産業としては塗装の乾燥に早くから利用されている。

赤外線の特徴としては，伝熱のための媒体を必要としないため熱損失が少なく急速加熱が可能で，雰囲気の選択も自由にでき，温度制御の応答性が良いため自動制御に適する。また，被加熱物の分光吸収特性に合わせた特性の赤外放射を選択することにより効果的な加熱が可能である。

合成樹脂，プラスチック，合成繊維などの高分子化合物あるいは食品など，放射吸収特性が波長の長い遠赤外放射領域にあるものに対して遠赤外放射の利用が増加している。

（3）省エネルギー対策

> 基準部分（工場）Ⅰ2-2(6-1)①
> エ．誘導炉，アーク炉，抵抗炉等の電気加熱設備は，被加熱物の装てん方法の改善，無負荷稼働による電気の損失の低減，断熱及び廃熱回収利用（排気のある設備に限る。）に関して管理標準を設定し，その熱効率を向上させること。

（ア）設備上の省エネルギー対策

ⅰ）炉の熱損失の低減

加熱炉，溶解炉では，炉壁を通して，炉内から外部への伝導熱損失が生ずる。これを低減させるために，炉壁の熱抵抗を大きくすることが有効である。炉壁構成材料として，セラミックファイバなど，熱伝導率が小さく高温に耐える断熱材を使用する方法が，抵抗炉を中心に用いられている。

ⅱ）炉蓄熱量の低減

　間欠操業の炉においては，炉壁を操業温度にまで上げるための熱量が加熱のかなりの比率を占める場合がある。この熱量は，材料の昇温には直接寄与しないため損失となる。炉壁材料として，比熱，重量の小さい材料を使用することは，蓄熱量（熱容量）を小さくして，この損失を少なくする効果があり，セラミックファイバの利用は，この点からも大きな効果がある。

iii）炉のエネルギー変換効率の向上

　電気エネルギーを熱エネルギーに変換する際に，損失を生ずる。変換効率を向上させるために，各加熱方式に対して，次のような対策がとられている。

　　　抵抗加熱 —— 発熱体の材質，寸法，配置の選定
　　　誘導加熱 —— 最適加熱周波数の選定，材料に応じた適正加熱コイルの使用
　　　赤外加熱 —— 被加熱物に応じた吸収特性の良い波長帯の採用
　　　誘電加熱，マイクロ波加熱 —— 最適加熱周波数の選定

iv）電源機器の効率向上

　変圧器，コンデンサなどの電力機器の効率向上のほか，周波数変換装置を使用するものでは，変換効率の高い装置を選定するのも重要な条件である。変換装置では一般に，サイリスタなどの半導体を使用したものが高効率である。

ｖ）配線損失の低減

　特にアーク炉，誘導炉（加熱装置），直接抵抗加熱など，大電流を必要とする負荷では，できるだけ炉と電源間の距離を短く配置し，配線損失を少なくすることが重要である。また，抵抗炉，誘導加熱など，構造によりある程度負荷インピーダンスを変えられるものでは，できるだけ高インピーダンスにして，電圧を上げ，炉電流を少なくすることが望ましい。

　なお，アーク炉では，アーク安定のため回路中に適当なインピーダンスを持つことが必要であり，特に小型のアーク炉ではリアクトルを設ける場合がある。

vi）廃熱回収利用

vii）自動温度制御の採用

viii）付帯設備の省エネルギー

　電気加熱設備では冷却水を使用する場合が多いが，ポンプの回転速度制御による冷却水量の調整も有効な省エネルギー対策である。材料運搬移動に関する

ハンドリング設備の効率化も，有効な手段である。

ix）設備の高電力化

　設備を高電力化し，加熱，溶解時間を短くすれば，相対的に熱損失が減少し，効率が向上する。

x）力率改善用コンデンサの設置

　力率の悪い負荷では，進相コンデンサを設置し，電源設備の無効電流を低減し，抵抗による損失を低減する。

（イ）操業上の省エネルギー対策

i）負荷率の向上

　炉はできるだけ定格負荷で運転し，休止時間（無負荷稼動）を少なくする。これにより，熱損失が相対的に低減する。このためには材料投入の迅速化（自動化）も必要である。

ii）温度管理の徹底

　目標及び措置部分（工場）Ⅱ1－2(5)①

　　イ．電気使用設備ごとに，電気の使用量，電気の変換により得られた動力，熱等の状態，当該動力，熱等の利用過程で生じる排ガスの温度その他電気使用設備に係る電気の使用状態を把握するため，センサーや監視装置等の利用による的確な計測管理を検討すること。

---

iii）連続運転の実施

iv）被加熱物の装てん方法の改善

　電気加熱方式では，被加熱物の大きさ，被加熱物との距離などにより発熱量が変化する場合が多い。このため，炉内への被加熱物の装てん方法の改善により，熱効率を向上させることができる。

v）次工程への材料運搬及び処理の迅速化

vi）前工程での熱の利用

vii）加熱材料の予熱

　アーク炉に投入するスクラップ材の予熱など，低温領域で他の排熱を利用した材料予熱により，総合的な省エネルギー効果が得られる。

viii）材料の選定

　鋳物，スクラップの溶解などでは，その材料に砂，酸化物などの不純物が含まれている場合がある。不純物の溶解は，溶解材質に影響を与えるだけでなく，不純物の加熱にまで無駄なエネルギーを投入しなければならない。

ix）炉蓋，扉などの開閉時間の短縮

基準部分（工場）I 2 - 2(6 - 1)①
カ．その他，電気の使用の管理は，電動力応用設備，電気加熱設備等の電気使用設備ごとに，その電圧，電流等電気の損失を低減するために必要な事項についての管理標準を設定して行うこと。

2.2.16　電気化学設備

　電気エネルギーは化学エネルギーと相互に直接変換することができ，電解（電気分解）プロセスは電気エネルギーを化学エネルギーに変換するプロセスであり，工業的にはアルミニウム製錬，ソーダ工業などで用いられている。ここで用いられる電力はアルミニウム，塩素などの製造にはなくてはならないものである。電池は，逆に化学エネルギーを電気エネルギーに変換するプロセスであり，直流電源として広く用いられている。この電池の原理を用いた燃料電池及び現在開発中の電力貯蔵用の大型二次電池は将来の電力供給システムにおける重要な一部門になることが予想されている。

（1）　電気化学システムの構成

　電気化学システムは，基本的には二つの電極，電解質，外部回路（外部電源あるいは外部負荷）から成っている。**図2.48**にその構成を示す。

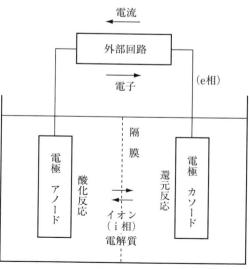

図2.48　電気化学システムの基本要素

（ア）電極

　電極は金属や半導体から成り，電子伝導体である。2本の電極は，そこを流れる電流の向きからは，アノード，カソードと呼ばれる。電池では正極（カソード），負極（アノード），電解では陽極（アノード），陰極（カソード）となる。また，それぞれの電極では次の反応が起こる。

　アノード：e相からi相に電流が流れる電極で，酸化反応（脱電子）が起こる。

　カソード：i相からe相に電流が流れる電極で，還元反応（電子付加）が起こる。

（イ）電解質

　電解質はイオン伝導体でありイオンが移動することで電気を運ぶ。電気化学システムにおいて電極では物質とイオンの間で電子の受渡しが行われ，電解質はイオン伝導体であることが重要である。

　常温付近で使う電解質としては水に酸，アルカリ，塩などを溶解した電解液が多く使われるが，水を嫌う場合には非水溶液の有機電解質も用いられる。また，固体高分子電解質を用いた電気分解システムや電池も開発されている。

　高温で電解を行う場合には溶融塩，あるいはジルコニアなどの固体酸化物系イオン伝導体に代表される固体電解質が用いられる。

（ウ）隔膜

　隔膜はアノード室とカソード室を分離し，電極の短絡を防ぎ，それぞれにある物質が混合しないようにするのが役目で，必要に応じて用いられる。

（エ）外部回路

　電極までの外部回路は電極と同様，電子伝導体であり，e相である。

　両電極においては酸化反応，還元反応が一つの組合せとして起こる。

（2）　ファラデーの法則

　電気化学反応では電極界面で化学種と電子の間で電気のやり取りが行われる。この反応に関与した化学物質の量（消費される原料の量，生成物の量）は流れた電子の量（電気量）と関係する。

　①　電流が通過することにより電極上において析出又は溶解する化学物質の

質量 w は通過する電気量 Q に比例する。

② 同じ電気量によって析出又は溶解する異なった物質の質量 w はその物質の化学式量（M：モル質量）と反応電子数（z）で決まり，$\dfrac{M}{z}$ に比例する。

上記①，②をまとめると次式のようになる。

$$w = \left(\frac{1}{F}\right) \cdot \left(\frac{M}{z}\right) \cdot Q \tag{2.134}$$

別の言い方をすると 1 mol の電子のやり取りには 1 F（ファラデー）の電子が対応することになるので，z 個の電子のやり取りをする n〔mol〕の物質に対して，通過する電気量 Q は，

$$Q = zFn \tag{2.135}$$

となる。

Q：流れた電気量（＝電流×時間）

z：反応に関与する電子数

n：生成あるいは消費した物質のモル数

F：ファラデー定数〔（アボガドロ数）×（電子 1 個が持つ電荷）〕

     ＝96 485 C/mol 又は 26.80 A・h/mol

一般にファラデー定数は 96 500 C/mol として知られているが，この値は 26.80 A・h/mol に相当する電気量であり，電池の容量など実用的にはよく使われる。

（3）　省エネルギー対策

電解設備の効率向上策として次の方法がある。

（ア）電圧効率向上対策

① 過電圧の小さい電極材料の選択，開発

② 導体，電極の断面積を大きくして長さを短縮する（複極式電極の採用）

③ 電解浴の抵抗率の切下げ

④ 電極間隔の短縮

⑤　気泡率を下げる

⑥　電流密度の切下げ

⑦　電解浴の温度を上げる

⑧　電解液の攪拌

（イ）電流効率向上対策

①　副反応を抑える

②　不純物による電解電流の短絡を防ぐ

③　電極以外に電流が流れないようにする

基準部分（工場）Ⅰ 2 - 2(6 - 1)①

オ．電解設備は，適当な形状及び特性の電極を採用し，電極間距離，電解液の濃度，導体の接触抵抗等に関して管理標準を設定し，その電解効率を向上させること。

カ．その他，電気の使用の管理は，電動力応用設備，電気加熱設備等の電気使用設備ごとに，その電圧，電流等電気の損失を低減するために必要な事項についての管理標準を設定して行うこと。

2.2.17　照明設備

（1）　照明の基礎

（ア）光束〔lm〕

光束は光源などから出てくる光の量のことである。人の目が光として感じるのは波長が 380 〜 780 nm の範囲の放射エネルギーで，明るさの感じ方が波長によって異なる。照明で使われる測光量は，すべて人の目の特性を考慮した量であることに留意する必要がある。

（イ）照度〔lx〕又は〔lm /m²〕

照度は光源によって照らされている場所の明るさの程度を表す測光量である。ある面に入射する光束をその面の面積で割った値で与えられる。被照面が水平の場合の照度を水平面照度，壁や黒板のように被照面が鉛直の場合の照度を鉛直面照度という。

（ウ）輝度〔cd /m²〕

　輝度は人の目に感じられる明るさの程度を表す測光量である。光源や被照面からある方向への光度（光束の立体角密度：単位〔cd〕）を，その方向への光源や被照面の見掛けの面積で割った値で与えられる。

（エ）演色性

　蛍光ランプなどのような人工光源に照らされているときと，昼光に照らされているときでは，物体の色彩の見え方が異なる。演色性は，このように光源の特性（分光分布）によって物体の色彩の見え方が変わる性質をいい，「演色性が良い」とは，光源に照らされている物体が本来の色に近く見えることをいう。

（オ）グレア

　見ているものの明るさに比べて強すぎる輝度の光源が視野の中に入ると見え方が低下したり，不快な感じを受けることがある。このような現象をグレア（まぶしさ）という。

（カ）照明の基準

　一般の照明に関する基準には，JIS Z 9110-2010「照度基準総則」，JIS Z 9125-2007「屋内作業場の照明基準」，労働安全衛生規則，駐車場法，ISO 8995：2002，（社）照明学会「オフィス照明基準」などがある。これらの基準では，作業場ごとに照度，輝度，グレアなどに関する設計基準や指針が提示されている。

　基準部分（工場）I 2 - 2(6 - 2)①
　ア．照明設備については，日本産業規格 Z 9110（照度基準）又は Z 9125（屋内作業場の照明基準）及びこれらに準ずる規格に規定するところにより管理標準を設定して使用すること。また，調光による減光又は消灯についての管理標準を設定し，過剰又は不要な照明をなくすこと。

（キ）照明設備のエネルギー消費上の特徴

　照明設備は，快適な照明環境を得るために，光源から出る光を制御・調整する光学的機能と，この機能を果たすために電気エネルギーを供給・制御する電気的機能と，光源を保持・保護するための機械的機能を合わせ持つものである。照明設備を構成する主な要素は光源（ランプ），点灯装置，照明器具である。

（2）　省エネルギー対策

　工場や，事務所，ホテルなどの業務用建物であるかどうかは問わず，照明設備の年間の消費電力量〔kW·h〕は次式で表すことができる。

$$年間消費電力量 = N \cdot W \cdot T \times 10^{-3} \text{〔kW·h〕} \tag{2.136}$$

　ここで，N は照明器具の台数，W は照明器具1台当たりの消費電力〔W〕，T は年間の点灯時間であり，N は台数なので，次式を満足する最小の整数である。

$$N \geq \frac{E \cdot A}{\Phi \cdot U \cdot M}$$

　ここで，E は設計照度〔lx〕，A は照明面積〔㎡〕，Φ は照明器具1台当たりのランプ光束〔lm〕，U は照明率，M は保守率である。

　したがって，照明の消費電力量を低減するためには，この2つの式から W，T，E，A を小さく，Φ，U，M を大きくすればよい。

　工場や業務用建物で採用可能な照明設備の主な省エネルギー手法を以下に示す。

（ア）高効率機器の採用

　照明設備は光源と点灯装置，照明器具から構成されるので，これらの中から，ランプ効率・総合効率の高いランプや，電力損失の少ない安定器，照明の目的に適した配光制御が可能で，かつ，光学損失が少なく劣化しにくい光学部品・構造部品を使った照明器具などを採用する。

ⅰ）光　源

　現在実用化されている人工光源は，熱放射を利用した白熱電球やハロゲン電球などと，LED を利用したランプ，低蒸気圧下におけるアーク放電を利用した蛍光ランプ，高蒸気圧下におけるアーク放電を利用した水銀ランプ，メタルハライドランプ，高圧ナトリウムランプなどのような HID（High Intensity Discharge）ランプに分類される。

　表2.14 に主な光源とその特性例を示す。省エネルギー照明のためには，目的に適合した照明効果が得られ，かつ，総合効率（全光束／ランプと点灯装置の消費電力の和）の高い光源を用いる。

ⅱ）点灯装置

　アーク放電を利用した蛍光ランプやHIDランプには点灯装置が必要となる。点灯装置の役目は，ランプ始動時の放電のために必要な高い電圧を発生することと，始動後の放電を安定して維持することである。

　点灯装置は一般に安定器と呼ばれ，安定器自身による電力消費（損失）が発生するため，放電ランプの総合効率はランプ効率より小さくなる。安定器は磁気回路式と電子式に大別できる。

　電子式安定器は，一般に磁気回路式安定器に比べて高価である。しかし，損失が少なく，調光も容易で，省エネルギーの面で有利であり，選択に当たってはこのような点も考慮して決める。

ⅲ）照明器具

　照明器具の光学的な機能面では，反射板などの反射率の向上が図られている。従来の反射板は，鉄板に白色メラミン樹脂塗装を施したものが主流であったが，最近では，アルミニウム材を鏡面仕上げしたものや，高純度の銀，若しくは，特殊な金属酸化層を蒸着したものなどが出現している。これにより，照明器具の効率が良くなるため，設備台数の削減や，改修の場合は照度増が期待できる。

（イ）適正照度の選択と運用

ⅰ）適正照度の選択

　作業場の設計照度，または，設定照度の選択は，照明器具の台数や運用などに直接影響を及ぼすため重要である。したがって，前述した各種の基準などを参考にして，過剰な照度にしないことが肝要である。

ⅱ）タスク・アンビエント照明方式の採用

　タスク・アンビエント照明方式は，「作業を行う領域には所要の照度を与え，その他の周辺領域には，これより低い照度を与える照明方式」と定義され，視作業用の照度を供給するために特定の面や領域に向けたタスク照明と，視作業が行われる領域全体の全般照度を供給するアンビエント照明とで構成される。

（ウ）照明効率の向上

　照明効率は，一般に，次式で表される照明率Uで代表される。

表2.14　主な光源とその特性例

	光源の種類	定格電力 [W]	全光束 (注1) [lm]	ランプ効率 [lm/W]	総合効率 (注2) [lm/W]	相関色温度 [K]	平均演色評価数 (R_a)	定格寿命 [h]	大きさの範囲 (注3) [W]
白熱電球	**白熱電球**								
	一般照明用（白色薄膜塗装）	54	810	15.0	15.0	2 850	100	1 000	19~95
	ボール電球（白色塗装）	57	705	12.4	12.4	2 850	100	2 000	25~100
	ミニクリプトン電球	60	820	13.7	13.7	2 850	100	2 000	25~100
	ハロゲン電球								
	片口金形	100	1 600	16.0	16.0	2 900	100	1 500	60~500
	片口金形（赤外反射膜付）	85	1 680	19.8	19.8	2 900	100	2 000	65~425
	小形（低電圧形）	50	1 000	20.0	18.0	3 000	100	2 000	20~100
	両口金形	500	10 500	21.0	21.0	3 000	100	2 000	150~1 500
蛍光ランプ	**電球形蛍光ランプ（電子式）**								
	A形状（一般電球形）（電球色）	10	810	81	81	2 800	84	13 000	7~22
	G形状（ボール電球形）（昼白色）	10	780	78	78	5 000	84	13 000	7~20
	D形状（発光管露出形）（昼光色）	10	730	73	73	6 700	84	13 000	7~22
	直管形蛍光ランプ								
	スタータ形（白色）	37	3 100	84	66	4 200	61	12 000	4~40
	〃 （3波長形, 昼白色）	37	3 560	96	75	5 000	84	12 000	10~40
	ラビッドスタート形（白色）	36	3 000	83	75	4 200	61	12 000	20~220
	〃 （3波長形, 昼白色）	36	3 450	96	87	5 000	84	12 000	36~110
	高周波点灯専用形（Hf）（昼白色）	32(45)	3 520(4 950)	110(110)	100(100)	5 000	84	12 000	16~65
	色評価用蛍光ランプ（昼白色）	40	2 250	56	46	5 000	99	10 000	20~40
	環形蛍光ランプ（3波長形・昼白色）	28	2 100	75	58	5 000	84	6 000	15~40
	コンパクト形								
	2本管形（昼白色）	36	2 900	81	63	5 000	84	7 500	4~96
	4本管形（昼白色）	27	1 550	57	45	5 000	84	6 000	9~27
	四角形（4本平行管形）（昼白色）	27	1 600	59	47	5 000	84	6 000	9~96
	多数管形（6本管形）（昼白色）	42	3 200	76	68	5 000	84	10 000	16~57

利用光源								
電球形LEDランプ								
A形状（一般電球形）　（昼白色）	6.1	810	133	133	5 000	83	40 000	1～ 15
〃　（一般電球形）　（電球色）	7.0	810	116	116	2 700	83	40 000	1～ 15
〃　（一般電球形）　（昼白色）	11.2	1 520	136	136	5 000	70	40 000	1～ 15
R形状（集光形）　（昼白色）	16.0	1 600	100	100	5 000	85	40 000	0.5～ 20
〃　（集光形）　（電球色）	4.8	350	73	73	2 700	85	30 000	4～ 8
直管LEDランプ								
大きさの区分 20　（昼白色）	9.9	1 300	131	100	5 000	83	40 000	7～ 13
大きさの区分 40　（昼白色）	15.0	2 600	173	144	5 000	83	40 000	10～ 33
〃　（電球色）	24.4	3 900	160	144	5 000	83	40 000	10～ 33
大きさの区分110　（昼白色）	46.2	6 500	141	133	5 000	83	40 000	26～ 55
HID形LEDランプ								
水銀ランプ 100W相当　（昼白色）	29.0	4 000	138	126	5 000	73	40 000	28～ 33
水銀ランプ 200W相当　（昼白色）	71.0	10 000	141	132	5 000	70	40 000	42～ 72
HIDランプ								
水銀ランプ（透明形）	400	20 500	51	48	5 800	14	12 000	40～20 000
蛍光水銀ランプ	400	22 000	55	52	3 900	40	12 000	40～ 2 000
安定器内蔵形水銀ランプ	500	14 000	28	28	4 500	40	9 000	100～ 750
メタルハライドランプ								
低始動電圧形（Sc-Na系）（蛍光形）	400	42 000	105	100	3 800	70	12 000	100～ 1 000
〃　（Na-Tl-In系）（〃）	400	30 500	76	72	4 300	70	9 000	100～ 400
高演色形（Dy-Tl系）（両口金型）	400	28 000	70	66	5 600	85	6 000	70～ 2 000
セラミックメタルハライドランプ								
高演色形 EZ,GI口金タイプ	70	6 300	90	80	3 000	95	12 000	35～ 150
〃 高演色形 E39口金タイプ	300	31 600	105	97	4 000	80	18 000	200～ 400
高圧ナトリウムランプ								
始動器内蔵形 効率重視形（拡散形）	360	47 500	132	123	2 050	25	24 000	75～ 940
〃 演色性改善形（〃）	360	36 000	100	92	2 150	60	12 000	220～ 660
外部始動器形 高演色形（〃）	400	19 500	49	44	2 500	85	9 000	50～ 400
低圧ナトリウムランプ	180	31 500	175	140	1 740	－	9 000	18～ 180

注　1）白熱電球、LED利用光源は0時間値。その他は100時間値。
　　2）蛍光ランプの電球形蛍光ランプ以外、LED利用光源の直管LEDランプ、HID形LEDランプ及び、HID利用光源の消費電力を含めた効率を示す。点灯装置は200V1灯用高力率形とした。点灯装置を示す。HIDランプは安定器などの点灯装置の
　　3）同じ種類に属するランプの定格電力のおおよその範囲を示す。

$$U = \frac{作業面に入射する光束}{照明器具のランプ光束} \qquad (2.137)$$

照明率は，内装材の色彩や反射率，使用する照明器具の配光特性，効率などによって影響を受ける。

照明率は，広い部屋ほど高く，また，内装材の反射率が高いほど高くなる。したがって，部屋のゾーニングに当たっては，なるべく照明するゾーンが広くなるようにし，内装材は，その反射率が高いほど相互反射による作業面の照度の増分が大きくなるため，なるべく反射率の高い材料を使うのが望ましい。また，運用開始後は清掃を定期的に行い，汚れによる反射率の低下を防ぐのが望ましい。

（エ）制御などによる効率化

照明設備の制御には，人感センサによる在室検知制御や，適正照度調整制御，タイムスケジュール制御，昼光利用制御，誘導灯の消灯制御などがある。

目標及び措置部分（工場）Ⅱ1-2(7)

昼光を利用することができる場合には，減光が可能な照明器具の選択や照明自動制御装置の採用を検討すること。また，照明設備を施した当初や光源を交換した直後の高い照度を適正に補正し省電力を図ることができる設備の採用を検討すること。

（オ）点滅回路の改良

照明空間の使用勝手などに応じて，無駄な点灯を防止しやすい点滅回路に改良する。例えば，昼光を使用できる窓際や壁際の照明の点滅は，他の照明と分離しなるべく単独で行えるようにする。また，3路スイッチ，自動点滅器，人感センサ，タイマなどの活用を検討する。

（カ）照明の管理・保守による効率化

照明の管理・保守とは，適切な点検，清掃，交換などを通じ，照明設備の機能を維持することで，その主な行為は，照明器具や室内表面の清掃，ランプの交換などである。

これらの効果は，照明設計時に用いる保守率が大きく設定できるため，照明器具の台数を削減できることである。また，適正照度調整制御を行っている場

合には，設計照度を維持することができる点灯時間が長くなる。

基準部分（工場）Ⅰ2－2(6－2)③
ア．照明設備は，照明器具及びランプ等の清掃並びに光源の交換等保守及び
　点検に関する管理標準を設定し，これに基づき定期的に保守及び点検を行
　うこと。

（キ）照明発生熱の除去

　空調のインテリアゾーンにおいては，照明器具の熱を除去又は回収できる空
調照明器具を使用し，空調との熱的結合を図るのが望ましい。これにより，空
調の冷房負荷と搬送用エネルギーの低減が可能となる。また，蛍光ランプの光
束はランプの周囲温度の影響を受ける。このため，照明器具の反射板を経由し
て空調の還気を戻すことにより，蛍光ランプの効率を最高に近い状態に維持す
ることができる。

（3）　照明設備新設・更新に当たっての措置

基準部分（工場）Ⅰ2－2(6－2)④
ア．照明設備，昇降機を新設・更新する場合には，必要な照度，輸送量に応
　じた設備を選定すること。
イ．照明設備を新設・更新する場合には，次に掲げる事項等の措置を講じる
　ことにより，エネルギーの効率的利用を実施すること。
　（ア）LED（発光ダイオード）照明器具等の省エネルギー型設備を採用する
　　こと。
　（イ）清掃，光源の交換等の保守が容易な照明器具を選択するとともに，そ
　　の設置場所，設置方法等についても保守性を考慮して設置すること。
　（ウ）照明器具については，光源の発光効率だけでなく，点灯回路や照明器
　　具の効率及び被照明場所への照射効率も含めた総合的な照明効率の高い
　　ものを採用すること。
　（エ）昼光を使用することができる場所の照明設備の回路については，他の
　　照明設備と別回路にすること。
　（オ）不必要な場所及び時間帯の消灯又は減光のため，人体感知装置の設置，
　　計時装置（タイマー）の利用又は保安設備との連動等の措置を講じるこ
　　と。

[例題　3.8]

> 次の文章の ▢ の中に入れるべき最も適切な字句を解答群から選び答えよ。
>
> 照明設備において，光源の下に水平な被照面がある。被照面上の光源の真下の点Pにおける照度は，光源と被照面上の点Pとの距離の ▢1▢ に反比例する。ここで，簡単のために，光源は点光源であり，光束は全方位に均等に発散されるものとし，また，壁や天井などでの反射は考えない。
>
> （語　群）
> 　ア　1乗　　　イ　2乗　　　ウ　3乗

【解　答】

　1 － イ

【解　説】

　光度 I の光源の下にある水平な被照面上の光源の真下の点Pにおける照度 E は，光源と点Pとの距離を ℓ とすると次式のようになる。

$$E = \frac{I}{\ell^2}$$

2.2.18　その他エネルギーの使用の合理化に関する事項　目標及び措置部分Ⅱ2

（1）　熱エネルギーの効率的利用のための検討

　熱の効率的利用を図るためには，有効エネルギー（エクセルギー）の観点からの総合的なエネルギー使用状況のデータを整備するとともに，熱利用の温度的な整合性改善についても検討すること。

（2）　未利用エネルギー・再生可能エネルギー等の活用

　①工場等又はその周辺において，工場排水，下水，河川水，海水，地下

水，温泉未利用熱等の温度差エネルギーの回収が可能な場合には，ヒートポンプ等を活用した熱効率の高い設備を用いて，できるだけその利用を図るよう検討すること。

②工場等において，利用価値のある高温の燃焼ガス又は蒸気が存在する場合には，発電，作業動力等への有効利用を図るよう検討すること。また，複合発電及び蒸気条件の改善により，熱の動力等への変換効率の向上を図るよう検討すること。

③可燃性廃棄物を燃焼又は処理する際発生するエネルギーや燃料については，できるだけ回収し，利用を図るよう検討すること。

④総合的なエネルギーの使用の合理化の観点から，太陽光発電，太陽熱，バイオマス等の再生可能エネルギーの活用について検討すること。

（3）　連携省エネルギーの取組

①余剰エネルギー等の有効利用

工場等で発生する余剰エネルギー等に関しては，他事業者との連携による有効利用の取組について検討すること。

②地域でのエネルギーの面的利用等

多様なエネルギー需要が近接する街区・地区や隣接する建築物間において，エネルギーを融通すること等により総合的なエネルギーの使用の合理化を図ることができる場合には，エネルギーの面的利用等について検討すること。

（4）　エネルギーサービス事業者の活用

エネルギー供給事業者，ESCO 事業者（エネルギーの使用の合理化に関する包括的なサービスを提供する者をいう。），その他のエネルギーサービス事業者によるエネルギー効率改善に関する診断，助言等の活用により，工場等における総合的なエネルギーの使用の合理化及び事業者間の連携による取組の実現等について検討すること。

（5）　IoT・AI 等の活用

① IoT・AI 等の技術や FEMS 等の活用により，工場等の稼働状況等のデータを把握及び制御することで，エネルギーの使用の合理化を図るよう検討すること。

② IoT・AI 等の技術や BEMS 等の活用により，業務用ビルの空気調和設備の稼働状況等のデータを把握及び制御することで，エネルギーの使用の合理化を図るよう検討すること。

③製品の開発工程におけるエネルギーの使用の合理化については，試作段階において実機を用いずにシミュレーション技術の活用を図るよう検討すること。

（6） エネルギーの使用の合理化に関するツールや手法の活用

業務用ビルのエネルギーの使用の合理化については，ビルのエネルギー使用量を試算して，省エネルギー対策適用時の削減効果を比較評価するツールや，空気調和設備等の運転プロセスデータを編集し，グラフ化して運転状態を分析しやすくするツールの活用について検討すること。

3章

非化石エネルギーへの転換と電気の需要の最適化

　非化石エネルギーへの転換と電気の需要の最適化については下記の2つの告示が制定されている。

工場等における非化石エネルギーへの転換に関する事業者の判断の基準
　下記の構成である。
　Ⅰ　非化石エネルギーへの転換の基準
　Ⅱ　非化石エネルギーへの転換の目標及び計画的に取り組むべき事項
　Ⅲ　工場等におけるエネルギーの使用の合理化に関する事業者の判断の基準
　（平成21年経済産業省告示第66号）との関係

工場等における電気の需要の最適化に資する措置に関する事業者の指針
　下記の構成である。
　1　電気需要最適化時間帯における電気の使用から燃料若しくは熱の使用への転換又は燃料若しくは熱の使用から電気の使用への転換
　2　電気需要最適化時間帯を踏まえた電気を消費する機械器具を使用する時間の変更
　3　その他事業者が取り組むべき電気需要最適化に資する措置

第3編の演習問題

この演習問題では，

「工場等におけるエネルギーの使用の合理化に関する事業者の判断の基準」は「工場等判断基準」，

「工場等（専ら事務所その他これに類する用途に供する工場等を除く）に関する事項」について，

「Ⅰ　エネルギーの使用の合理化の基準」の部分は「基準部分（工場）」

「Ⅱ　エネルギーの使用の合理化の目標及び計画的に取り組むべき措置」の部分は「目標及び措置部分（工場）」

と略記する。

[演習問題 3.1]

次の文章は，次の各文章は「工場等判断基準」の一部である。　　　　の中に入れるべき適切な字句を語群から選び，その記号を答えよ。

「工場等判断基準」の「基準部分（工場）」は，事業者が遵守すべき基準を示したものであり，次の6つの分野ごとにその基準が示されている。

① 燃料の燃焼の合理化

② 加熱及び冷却並びに伝熱の合理化

③ 　1　利用

④ 熱の動力等への変換の合理化

⑤ 放射，伝導，抵抗等によるエネルギーの損失の防止

⑥ 電気の動力，熱等への変換の合理化

6分野に関して，おのおのに「管理及び基準」，「　2　」，「保守及び点検」及び「新設・更新に当たっての措置」の4項目に関する遵守内容が示されている。

また，「目標及び措置部分（工場）」は，その設置している工場等におけるエネルギー消費原単位及び　3　を管理し，その設置している工場等全体として又は工場等ごとにエネルギー消費原単位又は　3　を中長期的にみて年平均1パ

ーセント以上低減させることを目標として，技術的かつ経済的に可能な範囲内で，「1　エネルギー消費設備等に関す事項」及び「2　その他エネルギーの使用の合理化に関する事項」に掲げる諸目標及び措置の実現に努めるものとしている。

（語　群）

ア　廃棄物の再生　　イ　廃熱の回収　　ウ　蓄熱の有効

エ　夏期の買電量　　オ　最大需要電力　　カ　電気需要平準化評価原単位

キ　運営及び組織　　ク　計測及び記録　　ケ　事業者の責務及び義務

コ　熱及び電力の需要実績

［演習問題 3.2］

次の文章の ▢▢▢▢ の中に入れるべき適切な字句を語群から選び，その記号を答えよ。

(1)　バーナなどの燃焼機器において，効率の良い燃焼を行うには，負荷及び燃焼状態の変動に応じ燃料の供給量や空気比を適正に調整でき，かつ，排ガス損失の少ないものにすることが重要である。

例えば排ガス損失に関して，「工場等判断基準」の「目標及び措置部分（工場）」は，バーナの新設・更新に当たっては， 1 バーナなど熱交換器と一体となったバーナを採用することにより熱効率を向上させることができるときは，これらの採用を検討することを求めている。

(2)　コージェネレーション設備は，エネルギー使用の高効率化や電源供給源の分散化等の目的から，その普及が進んでいる。

「工場等判断基準」の「基準部分（工場）」は，その新設・更新に当たっての措置に関して，「 2 と将来の動向について十分な検討を行い，年間を総合して排熱及び電力の十分な利用が可能であることを確認し，適正規模の設備容量のコージェネレーション設備の設置を行うこと。」を求めている。

（語　群）

ア　リジェネレイティブ　　イ　拡散燃焼　　ウ　予混合燃焼

エ　計測及び記録　　オ　事業者の責務及び義務　　カ　熱及び電力の需要実績

[演習問題 3.3]

次の計算を行い， □□□□□ の中に入れるべき適切な数値を答えよ。

(1) 質量が 250 kg で温度が 20℃の水が入っている水槽がある。この水に，蒸気を混入して温度が 50℃の温水にするためには，圧力 0.2 MPa の乾き飽和蒸気を用いた場合 □ 1 □ 〔kg〕混入する必要がある。ただし，この混入の際，蒸気の持つ熱エネルギーは水の加熱のみに用いられるものとし，20℃の水の比エンタルピーを 83.9 kJ/kg，50 ℃の温水の比エンタルピーを 209.3 kJ/kg，圧力 0.2MPa の乾き飽和蒸気の比エンタルピーを 2706.2 kJ/kg とする。

(2) 質量が 50kg で温度が 70℃の水を標準大気圧のもとで加熱して，すべて乾き飽和蒸気にするために必要な熱量は □ 2 □ 〔MJ〕である。ただし，70 ℃の水が 100℃の飽和水になるまでの比熱は 4.18 kJ/(kg・K) で一定とし，水の蒸発潜熱は 2 257 kJ/kg とする。

(3) 厚さ 30cm の平板の片側の表面温度が 60℃で，反対側の表面温度が 30℃であった。この平板の厚さ方向に伝わる単位面積当たりの熱流量は □ 3 □ 〔W/m²〕である。ただし，この平板の熱伝導率を 0.25 W/(m・K) とする。

[演習問題 3.4]

次の文章の □□□□□ に当てはまる数値を計算し，その結果を答えよ。

炭化水素系の燃料が完全燃焼しているとき，供給された空気中の酸素と反応して，炭素からは CO_2，水素からは H_2O が生成される。このときの反応式から，1 mol のブタン（C_4H_{10}）を完全燃焼させるのに必要な理論酸素量を求めると，□□□□□ [mol] である。

[演習問題 3.5]

次の文章の □□□□□ の中に入れるべき適切な字句を語群から選び，その記号を答えよ。

(1)　廃熱の回収に当たっては，廃熱の熱量や温度などの実態を把握し，回収熱の利用先の調査，量的バランスの調整対策を行うとともに，回収，熱輸送，蓄熱の方法についての選定や容量の決定など，設備面での検討を行うことが省エネルギー対策のポイントである。

　　「工場等判断基準」の「基準部分（工場）」は，廃熱回収設備に廃熱を輸送する煙道，管などを新設・更新する場合には，___1___ の防止，断熱の強化，その他の廃熱の温度を高く維持するための措置を講ずることを求めている。

(2)　工業炉では，炉内圧が外気より低いときには冷たい外気を吸い込み炉内が冷却されるため，炉内を所定の温度に保つには余分な燃料が必要になる。また，外気が侵入することにより，炉内の燃焼ガスの流動状態が変わり温度分布も不均一になるため，燃焼ガスから被加熱物への伝熱量も減少することになる。

　　「工場等判断基準」の「基準部分（工場）」は，熱利用設備を新設・更新する場合には，熱利用設備の開口部については，開口部の ___2___，二重扉の取付け，内部からの空気流などによる遮断などにより，放散及び空気の流出入による熱の損失を防止することを求めている。

（語　群）

　　ア　煙道ダンパ開度の調整　　イ　空気の侵入　　ウ　混合損失
　　エ　縮小又は密閉　　　　　　オ　発生ドレンの排出　　カ　放射率の向上

[演習問題 3.6]

　　次の文章の _____ の中に入れるべき適切な字句を語群から選び，その記号を答えよ。

(1)　蒸気輸送配管は，蒸気の品質を保つとともに，エネルギー経済面で優れたものでなければならない。理想的な蒸気輸送配管の条件は，①短距離，適正口径で無用な曲がりを持たないこと，②放熱損失・圧力損失を最小にすること，である。

　　「工場等判断基準」の「基準部分（工場）」は，熱利用設備を新設・更新する場合には，熱媒体を輸送する配管の ___1___，熱源設備の分散化などにより放熱面積を低減することを求めている。

(2) ボイラ給水の中には種々の不純物が含まれており，管理を怠ると，ボイラの運転経過とともにボイラ水中の不純物の濃度が高くなり，例えば，蒸発管内側にスケールが付着するようになる。スケールの [2] は蒸発管材料に比べてかなり小さいため，付着量が少なくても所定の蒸気量を確保しようとすると，燃料使用量は増加することになる。

「工場等判断基準」の「基準部分（工場）」は，ボイラへの給水は，伝熱管へのスケールの付着及びスラッジなどの沈澱を防止するよう，水質に関する管理標準を設定して行うことを求めている。

（語　群）

ア　熱伝導率　　イ　比熱　　ウ　密度

エ　軽量化　　オ　径路の合理化　　カ　点検補修

[演習問題 3.7]

次の計算を行い，[　　] の中に入れるべき適切な数値を答えよ。

(1) 一定出力で稼働している三相誘導電動機の，線間電圧は $200\,V$，線電流は $45\,A$，使用電力は $12\,kW$ であった。この場合，この電動機の力率は [1] [%] である。ここで，$\sqrt{3} = 1.73$ とする。

(2) 三相誘導電動機が，軸トルク $T = 1\,kN \cdot m$，回転速度 $n = 720\,min^{-1}$ で運転されている。電動機の所要動力は，軸トルクと回転角速度 ω に比例し，また $\omega = 2\pi n/60$ [rad/s] で表されることから，この電動機の効率が $90\,\%$ であるとき，所要電力は [2] [kW] である。ここで，$\pi = 3.14$ として計算すること。

[演習問題 3.8]

次の文章の [　　] の中に入れるべき適切な字句又は数式を語群から選び，その記号を答えよ。

(1)　三相交流は，一般に単相交流に比べ送配電損失が少なく，また，回転磁界が作りやすいなど優れた特徴を持っており，発電，送配電，需要設備のいずれにおいても広く採用されている。三相交流（三線式）及び単相交流（二線式）において，線間電圧，線電流及び力率が等しい場合に，三相交流で供給できる電力は単相交流の場合の　1　倍である。

(2)　ポンプ又はファンを三相誘導電動機で駆動する場合，その回転速度は，電源の周波数 f〔Hz〕，極数 P 及びすべり s を用いて表すと，　2　〔min^{-1}〕となる。

（語　群）

ア　$\sqrt{2}$　　イ　$\sqrt{3}$　　ウ　3

エ　$\dfrac{120fs}{P}$　　オ　$\dfrac{120f(1-s)}{P}$　　カ　$\dfrac{120fP}{s}$　　キ　$\dfrac{120fP}{1-s}$

[演習問題 3.9]

　次の文章の　　　　　の中に入れるべき適切な字句又は数値を語群から選び，その記号を答えよ。

(1)　工場の受変電設備及び配電設備においては，送配電線路における電力損失を低減するために，力率を高く維持することが求められる。

　「工場等判断基準」の「基準部分（工場）」は，「受電端における力率については，　1　パーセント以上とすることを基準として，別表第4に掲げる設備（同表に掲げる容量以下のものを除く。）又は変電設備における力率を進相コンデンサの設置等により向上させること。」を求めている。

(2)　電気加熱設備や電解設備では大電流を必要とする負荷が多く，省エネルギー対策としてこれに関する措置が必要である。

　「工場等判断基準」の「基準部分（工場）」は，電気加熱設備及び電解設備は，配線の接続部分，開閉器の接触部分などにおける　2　を低減するように保守及び点検に関する管理標準を設定し，これに基づき定期的に保守及び点検を行うことを求めている。

(3)　照明設備について，「工場等判断基準」の「基準部分（工場）」は，日本産業

規格の照度基準等に規定するところにより管理標準を設定して使用すること，また，調光による減光又は消灯についての管理標準を設定し，過剰又は不要な照明をなくすことを求めている。JIS Z 9110:2011「照明基準総則」では，事務所ビルにおける事務室の推奨照度範囲は　3　〔lx〕としている。

(4)　空気調和設備に関して省エネルギーを推進するには，空気調和負荷の低減が重要である。

　　「工場等判断基準」の「基準部分（工場）」は，「工場内にある事務所等の空気調和の管理は，空気調和を施す区画を限定し，ブラインドの管理等による負荷の軽減及び区画の使用状況等に応じた　4　，室内温度，換気回数，湿度，外気の有効利用等についての管理標準を設定して行うこと。」及び「冷暖房温度については，政府の推奨する設定温度を勘案した管理標準とすること。」を求めている。

（語　群）

　　ア　85　　　イ　90　　　ウ　95
　　エ　150 〜 300　　　オ　500 〜 1 000　　　カ　1 000 〜 2 000
　　キ　抵抗損失　　　ク　誘電損失　　　ケ　誘導損失
　　コ　設備の運転時間　　　サ　熱源機の成績係数
　　シ　冷却水温度や冷温水温度

[演習問題 3.10]

　　次の文章の　　　　　の中に入れるべき適切な字句を語群から選び，その記号を答えよ。

(1)　燃焼設備においては，燃料の燃焼状態を適切に管理することが重要である。

　　「工場等判断基準」の「基準部分（工場）」は，「燃焼設備ごとに，燃料の供給量，　1　，排ガス中の残存酸素量その他の燃料の燃焼状態の把握及び改善に必要な事項の計測及び記録に関する管理標準を設定し，これに基づきこれらの事項を定期的に計測し，その結果を記録すること。」を求めている。

(2)　熱利用設備においては，一般的に，間接的な加熱方式よりも熱媒体を介在させない直接的な加熱方式の方が熱効率に優れる。

「工場等判断基準」の「基準部分（工場）」は，「直火バーナ，　2　等により被加熱物を直接加熱することが可能な場合には，直接加熱するよう検討すること。」を求めている。

（語　群）

　　ア　液中燃焼　　イ　拡散燃焼　　ウ　旋回燃焼

　　エ　生産量　　オ　燃焼に伴う排ガスの温度　　カ　燃料の物性

［演習問題 3.11］

　　次の文章の　□□□□　の中に入れるべき適切な字句を語群から選び，その記号を答えよ。

(1)　蒸気輸送配管系統の計画時等には，放熱面積の低減を考慮する必要がある。

　　　「工場等判断基準」の「基準部分（工場）」は，「熱利用設備を新設・更新する場合には，熱媒体を輸送する配管の径路の合理化，　1　等により，放熱面積を低減すること。」を求めている。

(2)　廃熱の回収利用は，大きな効果が期待できる省エネルギー対策である。

　　　「工場等判断基準」の「基準部分（工場）」は，廃熱回収設備の新設・更新に当たっての措置として，「廃熱回収率を高めるように伝熱面の　2　の改善，伝熱面積の増加等の措置を講ずること。」を求めている。

（語　群）

　　ア　温度差　　イ　加熱特性

　　ウ　シール性　　エ　性状及び形状

　　オ　熱源設備の集約化　　カ　熱源設備の分散化

　　キ　廃熱回収の実施　　ク　ボイラー等の高効率化

[演習問題 3.12]

次の計算を行い，□□□□の中に入れるべき適切な数値を答えよ。

(1) ある火力発電設備が，A重油を燃料として電気出力 150 MW の一定出力で稼動している。A重油の高発熱量を 39 MJ/L，この発電設備における，高発熱量基準の平均発電端熱効率を 39 % とすると，1時間当たりの燃料使用量は □ 1 □ 〔L〕である。

(2) 線間電圧が 200V の対称三相電源に，平衡三相負荷が接続されている。Y結線された三相負荷の1相分が，3 Ω の抵抗と 4 Ω の誘導性リアクタンスが直列に接続したものであるとき，この三相負荷の消費電力は □ 2 □ 〔kW〕である。なお，$\sqrt{3} = 1.73$ としてよい。

(3) ある工場で，節電のために，14時から14時30分の間の平均電力を 1 000 kW に抑えることにした。14時から14時20分までの使用電力量が 350 kW・h であった。この場合，残りの14時20分から14時30分までの間の平均電力は □ 3 □ 〔kW〕にする必要がある。

(4) メタン（CH_4）は都市ガス（13A）の主成分であり，燃焼時の反応式は次のように表すことができる。

$$CH_4 + 2O_2 \rightarrow CO_2 + 2H_2O$$

反応式より，メタン $1m^3_N$ を燃焼させるときの理論空気量は □ 4 □ 〔m^3_N〕となる。ただし，空気中の酸素濃度は 21 % とする。ここで，単位 m^3_N は標準状態の下での体積であることを表す。

[演習問題 3.13]

次の文章の □□□□ の中に入れるべき適切な字句又は数式を語群から選び，その記号を答えよ。

(1) 流体機械に関しては，要求される使用端圧力及び流量に応じて，流体機械の吐出圧力，吐出流量を適正に保つことが求められる。

「工場等判断基準」の「基準部分（工場）」は，「ポンプ，ファン，ブロワー，コンプレッサー等の流体機械については，使用端圧力及び吐出量の見直しを行

い，負荷に応じた運転台数の選択，[1]等に関する管理標準を設定し，電動機の負荷を低減すること。なお負荷変動幅が定常的な場合は，配管やダクトの変更，インペラーカット等の対策を検討すること。」を求めている。

(2) ファンを用いて空気を搬送するダクト系統において，ダンパを通過する空気量が Q 〔m³/min〕，空気の密度が t 〔kg/m³〕，ダンパによる圧力損失が P 〔kPa〕であったとき，この圧力損失を，単位時間当たりのエネルギーに換算すると，[2]〔kW〕となる。ここで，圧力変化による空気の密度変化は無視するものとする。

(語　群)

アー PQ　　イ　$\dfrac{PQ}{60}$　　ウ　ρPQ　　エ　$\dfrac{\rho PQ}{60}$

オ　回転数の変更　　カ　圧力変動の低減　　キ　吐出圧力の高圧化

[演習問題 3.14]

次の文章の[ ]の中に入れるべき適切な字句又は数値を語群から選び，その記号を答えよ。

(1) 電気加熱には，被加熱物自身の発熱により，内部からの加熱ができる加熱方式がある。内部加熱ができる加熱方式のうち，誘導加熱は，コイルの中に被加熱材を置き，コイルに交流を通じたときに被加熱物に誘起される[1]を利用するものである。

(2) 照明設備において，最近，光源のランプ効率の高い LED ランプが急速に普及している。現在の直管 LED ランプの固有エネルギー消費効率（ランプ総合効率に相当）は，汎用品の大きさ区分 40 タイプ（昼白色）直管蛍光ランプ相当の照明器具で考えると，[1]〔lm/W〕程度である。

(語　群)

ア　30～80　　イ　130～200　　ウ　250～300
エ　渦電流　　オ　誘電体損失　　カ　マイクロ波

第3編の演習問題解答

［演習問題 3.1］

　　1 － イ　　　2 － ク　　　3 － カ

［演習問題 3.2］

　　1 － ア　　　2 － カ

［演習問題 3.3］

　　1 － 12.6　　　2 － 1.19×10^2　　　3 － 25

（解説）

(1)

　混入する圧力 0.2 MPa の乾き飽和蒸気の質量を x〔kg〕とするとエネルギーバランスから次式が成立する。

$$83.9 \times 250 + 2706.2 \times x = 209.3 \times (250 + x)$$

　この式を x について解くと

$$x = 12.555 \rightarrow 12.6 \text{ kg}$$

となる。

(2)

　70℃の水 50kg を加熱して，すべて飽和蒸気にするために加えるべき熱量は，70℃の水 50kg を加熱して，100℃の水 50kg にするときに加えるべき顕熱と，100℃の水 50kg を乾き飽和蒸気 50kg にするときに加えるべき蒸気の潜熱との和で求められる。

　比熱が c〔J/(kg・K)〕で質量が m〔kg〕の物質を t_1〔℃〕から t_2〔℃〕に加熱するときに加えるべき顕熱 Q_1〔J〕は次式で求められる。

$$Q_1 = m \times c \times (t_2 - t_1)$$

この式に $m = 50$, $c = 4.18 \times 10^3$, $t_1 = 70$, $t_2 = 100$ を代入すると

$$Q_1 = 50 \times 4.18 \times 10^3 \times (100\text{-}70) = 6.27 \times 10^6 \text{ J}$$

が得られる。

また, 蒸発潜熱が ΔH〔J/kg〕で質量が m〔kg〕の物質を液体から気体に相変化させるときに加えるべき潜熱 Q_2〔J〕は次式で求められる。

$$Q_2 = m \times \Delta H$$

この式に $m = 50$, $\Delta H = 2\,257 \times 10^3$ を代入すると

$$Q_2 = 50 \times 2\,257 \times 10^3 = 1.128\,5 \times 10^8 \text{ J}$$

が得られる。

したがって, 求める水をすべて乾き飽和蒸気にするときに加えるべき熱量 Q〔J〕は

$$Q = Q_1 + Q_2 = 6.27 \times 10^6 + 1.128\,5 \times 10^8$$
$$= 1.191\,2 \times 10^8 \text{J} \rightarrow 1.19 \times 10^2 \text{ MJ}$$

となる。

(3)

平板の厚さを d〔m〕, 熱伝導率を λ〔W/(m・K)〕, 平板の両表面の温度差を $\Delta \theta$〔K〕とすると, この平板の厚さ方向に伝わる熱流 q〔W/m^2〕は次式で求められる。

$$q = \frac{\lambda \Delta \theta}{d}$$

この式に $\lambda = 0.25$, $d = 0.3$, $\Delta \theta = 60 - 30 = 30$ を代入すると

$$q = \frac{0.25 \times 30}{0.3} = 25 \quad \text{W/m}^2$$

が得られる。

[演習問題 3.4]

6.5

(解説)

ブタンの燃焼の反応式は次のようになり, 燃焼に必要な理論酸素量は 6.5 mol である。

$$C_4H_{10} + 6.5O_2 = 4CO_2 + 5H_2O$$

[演習問題 3.5]

1 - イ　　2 - エ

[演習問題 3.6]

1 - オ　　2 - ア

[演習問題 3.7]

1 - 77　　2 - 84

（解説）

(1)

三相電力 P 〔W〕は次式で表される。

$$P = \sqrt{3} \ V \cdot I\cos\theta$$

力率 $\cos\theta$ は線間電圧 200 V，線電流 45 A，使用電力 12 kW を代入して，

$$\cos\theta = \frac{P}{(\sqrt{3} \ V \cdot I)} = \frac{12\text{kw}}{(\sqrt{3} \times 200\text{V} \times 45\text{A})} = 0.77 \rightarrow 77 \ \%$$

となる。

(2)

電動機の軸動力を P_o〔kW〕，電動機軸に発生するトルクを T〔N・m〕，電動機の回転角速度を ω〔rad/s〕とすれば次式が成立する。

$$P_o = \omega T \times 10^{-3}$$

一方，回転速度を n〔min^{-1}〕とすると，$\omega = \dfrac{2\pi n}{60}$ 〔rad/s〕であるから

$$P_o = \frac{2\pi n}{60} T \times 10^{-3}$$

となる。

電動機の効率を η〔%〕とすると，所要電力 P_i〔kW〕は次式で求められる。

$$P_i = \frac{P_o}{\dfrac{\eta}{100}}$$

両式から次式が得られ，$\pi = 3.14$，$n = 720$，$T = 1 \times 10^3$，$\eta = 90$ を代入して

$$P_i = \frac{2\pi n T}{60 \times \dfrac{\eta}{100}} \times 10^{-3} = \frac{2 \times 3.14 \times 720 \times 1 \times 10^3}{60 \times \dfrac{90}{100}} \times 10^{-3} = 83.733 \rightarrow 84\,\mathrm{kW}$$

となる。

［演習問題 3.8］

　　1 － イ　　　2 － オ

（解説）

(2)

　三相誘導電動機の電源周波数を f〔Hz〕，極数を P とすると，同期速度 n_0〔$\min^{-1}$〕は

$$n_0 = \frac{120f}{P}$$

　すべり s のときの回転速度 n〔$\min^{-1}$〕は

$$n = n_0(1-s) = \frac{120f(1-s)}{P}$$

となる。

［演習問題 3.9］

　　1 － ウ　　　2 － キ　　　3 － オ　　　4 － コ

［演習問題 3.10］

　　1 － オ　　　2 － ア

[演習問題 3.11]

　　1 − カ　　　2 − エ

[演習問題 3.12]

　　1 − 3.55×10^4　　　2 − 4.8　　　3 − 900　　　4 − 9.52

（解説）

(1)

　燃料としてA重油を使用する火力発電設備の発生電力量 P〔kW〕は，高発熱量基準の平均発電端熱効率を η，A重油の高発熱量を H〔kJ/L〕，1時間当たりの燃料消費量を V〔L〕とすると，1kW・h = 3 600 kJ であるから次式で求められる。

$$P = \frac{H \times V \times \eta}{3\ 600}$$

　式を変形し，$P = 150 \times 10^3$，$H = 39 \times 10^3$，$\eta = \frac{39}{100} = 0.39$ を代入して

$$V = \frac{P \times 3\ 600}{H \times \eta} = \frac{150 \times 10^3 \times 3\ 600}{39 \times 10^3 \times 0.39} = 35\ 503 \rightarrow 3.55 \times 10^4\ \text{L}$$

が得られる。

(2)

　まずY結線された三相負荷の1相分の回路について計算する。

　負荷の抵抗を R〔Ω〕，リアクタンスを X〔Ω〕とすると，この負荷の合成インピーダンス Z〔Ω〕は次式で求められ，$R = 3$，$R = 4$ を代入して

$$Z = \sqrt{R^2 + X^2} = \sqrt{3^2 + 4^2} = 5\ \Omega$$

となる。

　この負荷に交流電圧 V〔V〕を加えたとき，流れる電流 I〔A〕は次式で求められる。

$$I = \frac{V}{Z}$$

　また負荷で消費される電力 P〔W〕は次式で求められる。

$$P = I^2 R$$

この両式から，次式となり，線間電圧が200 Vの対称三相電源であるから1相に加わる電圧は$\frac{200}{\sqrt{3}}$ Vである。$V = \frac{200}{\sqrt{3}}$, $Z = 5$, $R = 3$ を代入して

$$P = \left(\frac{V}{Z}\right)^2 \times R = \left(\frac{200}{\sqrt{3} \times 5}\right)^2 \times 3 = 1\ 600\ \ W$$

三相負荷の合計の消費電力 P_T 〔W〕は，

$$P_T = P \times 3 = 1600 \times 3 = 4800\ W \rightarrow 4.8\ kW$$

が得られる。

(3)

14時から14時30分の間の平均電力を1000 kWにするためには，この間の使用電力量を $1000 \times \frac{30}{60} = 500$ kW・hにする必要がある。14時から14時20分までの使用電力量が350 kW・hであるから，14時20分から14時30分までの10分間の平均電力を P 〔kW〕とすると，

$$P = \frac{500 - 350}{\frac{10}{60}} = 900\ \ kW$$

となる。

(4)

メタンの燃焼時の反応式からメタン $1m^3_N$ を燃焼させるのに必要な理論酸素量は $2m^3_N$ となる。一方，空気中の酸素濃度は21 %であるから，この燃焼に必要な理論空気量は

$$\frac{2}{0.21} = 9.5238 \rightarrow 9.52\ m^3_N$$

となる。

[演習問題 3.13]

1 － オ　　2 － イ

[演習問題 3.14]

　　　1 - エ　　　2 - イ

索　引

参考文献
・工業数理基礎，数学 B，物理Ⅰ，物理Ⅱ，化学工学，原動機，精選電気基礎，電気基礎Ⅰ，生産システム技術　実教出版（株）
・環境エネルギー学習　東京電力（株）ホームページ
・発電学会
・学術講演会　講演論文集（札幌）　空調調和衛生工学会
・コージェネレーションセミナーテキスト　日本コージェネレーションセンター
・新訂　エネルギー管理技術　熱管理編（財）省エネルギーセンター
・新訂　エネルギー管理技術　電気管理編（財）省エネルギーセンター
・（財）省エネルギーセンターホームページ

エネルギー管理士試験講座
[熱分野・電気分野共通] Ⅰ
エネルギー総合管理及び法規
[令和5年度改正省エネ法対応版]

2006 年 5 月 31 日	第 1 版	第 1 刷発行
2009 年 4 月 22 日	第 1 版	第 7 刷発行
2010 年 2 月 24 日	第 2 版	第 1 刷発行
2013 年 7 月 9 日	第 2 版	第 8 刷発行
2014 年 3 月 12 日	第 3 版	第 1 刷発行
2017 年 5 月 10 日	第 3 版	第 7 刷発行
2018 年 6 月 1 日	第 4 版	第 2 刷発行
2019 年 4 月 19 日	第 5 版	第 1 刷発行
2020 年 4 月 8 日	第 5 版	第 2 刷発行
2022 年 2 月 28 日	第 6 版	第 1 刷発行
2023 年 6 月 20 日	第 7 版	第 1 刷発行
2024 年 7 月 30 日	第 7 版	第 2 刷発行

編者／一般財団法人省エネルギーセンター
発行者／奥村和夫
発行所／一般財団法人省エネルギーセンター
〒108-0023 東京都港区芝浦 2-11-5 五十嵐ビルディング
TEL.03-5439-9775 FAX.03-5439-9779
https://www.eccj.or.jp/book/

印刷・製本／萩原印刷株式会社
© 2024 Printed in Japan
ISBN978-4-87973-490-7 C2050

装丁／坂東次郎
編集協力／FOUNTAINHEAD